国际时尚设计丛书·服装

时装设计元素：
环保服装设计

[英]艾莉森·格威尔特　著
陈金怡　马宏林　译

中国纺织出版社

内 容 提 要

本书以终端环保服装产品为目标，从纺织品选择、纺织品设计和服装设计三者之间的关联入手，以实例的形式为读者深入地解读纺织品与服装这两个产业间相互的影响。

本书可作为高等院校服装专业师生及服装相关从业人员的参考用书。

原文书名 A PRACTICAL GUIDE TO SUSTAINABLE FASHION

原作者名 Alison Gwilt

著作权合同登记号：图字：01–2013–6367

图书在版编目（CIP）数据

时装设计元素. 环保服装设计 /（英）艾莉森·格威尔特著；陈金怡，马宏林译. -- 北京：中国纺织出版社，2017.11

（国际时尚设计丛书. 服装）

书名原文：A PRACTICAL GUIDE TO SUSTAINABLE FASHION

ISBN 978–7–5180–3621–9

Ⅰ. ①时… Ⅱ. ①艾… ②陈… ③马… Ⅲ. ①服装设计 Ⅳ. ① TS941.2

中国版本图书馆 CIP 数据核字（2017）第 234209 号

策划编辑：魏 萌　　责任校对：楼旭红　　责任印制：王艳丽

中国纺织出版社出版发行

地址：北京市朝阳区百子湾东里 A407 号楼　邮政编码：100124

销售电话：010—67004422　传真：010—87155801

http://www.c-textilep.com

E-mail：faxing@c-textilep.com

中国纺织出版社天猫旗舰店

官方微博 http://weibo.com/2119887771

北京利丰雅高长城印刷有限公司印刷　各地新华书店经销

2017 年 11 月第 1 版第 1 次印刷

开本：710 × 1000　1/16　印张：10.75

字数：100 千字　定价：78.00 元

凡购本书，如有缺页、倒页、脱页，由本社图书营销中心调换

图 0-1

导论 006

反思服装设计 010
供应链 012
关键问题 014
服装的可持续发展 018
服装的未来 022
聚焦：凯瑟琳·哈姆内特 026
练习 1：服装可持续发展的思考 028

服装的生命周期 030
生命周期的思考 032
活动和影响 034
评估工具和模式 038
可持续性设计策略 040
聚焦：斯特拉·麦卡特尼 046
练习 2：比较两件衣服 048

分配 094
面料供货商和生产商 096
聚焦：参与当地社区 102
访谈：伊莎贝尔·德·希尔林 104
零售 108
聚焦：按需设计 112
练习 5：服装设计的包容性 114

使用 116
使用方式 118
聚焦：减少洗涤 124
修补和保养 126
聚焦：为修补而设计 130
练习 6：模块化服装设计 132
访谈：莉齐·哈里森 134

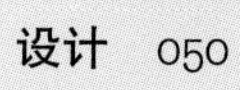

3 设计 050

服装设计 052

聚焦：为共鸣而设计 056

练习 3：为共鸣而设计 058

织物、材料及技术的选择 060

聚焦：单材料的使用 066

访谈：安妮卡·明德·温德尔伯 070

4 生产 074

服装板型制作 076

聚焦：零浪费技术 080

练习 4：采用几何图形制作服装 084

服装结构设计 086

聚焦：耐久性设计 090

访谈：苏珊·迪马斯 092

7 生命终止 138

重新利用及重新制造 140

聚焦：升级再造 146

练习 7：升级回收的个性化方法 148

材料回收 150

聚焦：闭环生产 152

访谈：韦恩·海明威 156

附录 158

专业术语 160

网络资源 162

学生资源 164

参考文献 168

致谢 170

图片来源 171

本书强调服装设计师将可持续理念引入设计及生产等环节的可能性，与那些认为可持续概念会影响好设计的观点截然相反。然而目前，许多设计师依然对如何进行可持续设计感到迷茫，在相关信息的获取及帮助、引导等方面还存在很大的困难。这本书恰好为服装设计师们提供了大量相关可激发灵感的实际案例，以供参考及运用。

图 0–1 | 指导老师及学生为此书提供了大量资源，详见网站：http://tinyurl.com/qhxkjnf。

请在浏览器上输入“URL”，然后按照指引进入在线资源，如果您有任何疑问，请发邮件至 instructor-resources@bloomsbury.com 咨询。

图 0–2 | 艾玛·里斯（Emma Rees）的 REtrose 品牌

通过 REtrose 的品牌，英国设计师艾玛·里斯（Emma Rees）运用数码印刷、环保面料以及废弃的材料和旧衣物设计成新的女装系列。

图 0-2

服装设计师有必要掌握服装产品的生命周期，要抓住其关键阶段。有了这些知识的了解，服装设计师才有可能在设计中提高对服装环境及社会责任的认识。此书以一些知名时装品牌及公司为案例，突出运用拆解、循环利用等手段实现的资源节约，为这些具有创新意识的服装设计师们探索了多种多样的方法，以便他们能够将可持续的理念运用到设计环节。

同时，本书还引导读者在可持续服装的设计与生产方面去探索新的方法，建议生产者去思考现有的整个服装产业体系。现代的服装产业应该从单纯为经济利益而生产的旧模式中解放出来，转变至包含如租赁、保养、退换等为一体的产品服务模式。这需要服装产业的工作者在可持续设计及生产方面探索出更多新的方法。

来自当代世界服装设计师的一些独特的实践作品及对他们深入的访谈，使这本书能够激励和指导读者将可持续的理念植入服装设计及生产的各个环节。

第 1 章从思考目前服装设计及生产的现状开始，围绕现今服装产业可持续发展提出关键性问题。这章也阐述了 20 世纪 60 年代末期服装设计师如何提出可持续性的设计理念，并探讨服装设计师如何尽可能减少服装产品生命周期对环境及社会的消极影响。

第 2 章介绍了服装产品生命周期的关键性阶段，以及在设计环节中评价估算一件新的服装产品所带来的对环境及社会的影响。同时，这章也探讨了目前可持续服装设计环节中是如何尽可能减少服装生产所带来的消极影响。

接下来的五章依次探讨了服装产品生命周期的各个重要环节，包括：设计、生产、分配、使用和生命终止。每一章都从不同角度探讨了如何将可持续设计理念整合至设计及生产环节。通过来自服装史、当代设计师品牌及学生、专家们优秀的作品案例分析，为读者提供了大量独具特色的设计手法。此外，本书所展示的实践作品还将启发读者不断去尝试更多新的可持续设计方法。

图 0-3

图 0-3 和图 0-4 | Iniy Sanchez 设计的“可持续设计的地球针织衫”

荷兰设计师 Iniy Sanchez 回收运用一根未断开的线制作了此件针织衫。

图 0-4

本章对目前服装设计与生产环节中的关键问题进行了介绍。同时也探讨了“作为服装设计师的角色如何促进服装的可持续发展”这一重要话题。

当涉及社会和伦理道德方面的问题时，服装设计师在设计和生产的环节有责任和义务去减少服装产品对环境的消极影响。

“我很诚恳地说我还没有创建一个有关生态的服装品牌，一旦我意识到我们在服装方面过度消费时，我会努力成为生态服装设计师的一员。”

Orsola de Castro——From Somewhere 品牌的创办者之一。

图 1-1 | From Somewhere 品种的“蓬松开襟羊毛衫”秋冬系列，2012

From Somewhere 是一个非常成功的服装品牌，是在对高级时装所废弃面料回收利用的基础上建立的。该品牌设计师利用不合格的时装产品及其他废弃的边角料来重新进行设计。

图 1-1

目前的服装市场划分成了不同层次，从高级定制到大众化市场品牌和网购市场的形成，服装产业的市场发展千变万化。服装市场的特点及产品的规模会依据市场的发展水平而不同，但所有的服装产业在设计及生产的过程中都包含了一个共同的环节，那就是众所周知的“供应链”环节，它包含了五个明显的阶段：设计、样衣制作、选样、生产和分配。

服装生产的每个阶段都涉及一系列的过程，包括面料采购、款式设计（设计环节）、加工制作后至从生产地运送到零售商及消费者手中。服装生产的时间分配由服装产业规模及生产模式所决定。例如，小型服装品牌企业生产样衣的速度较大品牌而言会更快速，这部分原因是较小型服装品牌企业在国外进行生产，在生产前为了保证质量往往需提前核准工厂的样品。

服装设计师的角色

许多人在服装产业的创造环节中发挥着重要作用，设计师、买手、样板师、机械师、编织工、纺织品设计师、整理工、染工、生产管理人员等，他们在整个服装生产体系的不同环节发挥着各自的专业知识特长和技巧。

图 1-2 | **服装供应链的作用**

图解说明了供应链的关键环节及其作用。不同的服装品牌所运用的供应链模式也不尽相同，但都会保留一些代表性的环节。

图 1-2

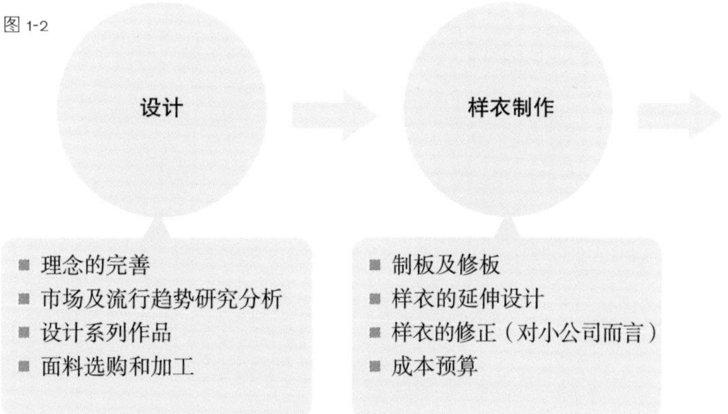

设计

- 理念的完善
- 市场及流行趋势研究分析
- 设计系列作品
- 面料选购和加工

样衣制作

- 制板及修板
- 样衣的延伸设计
- 样衣的修正（对小公司而言）
- 成本预算

市场等级

高级时装

高级时装是被认为最顶级、最独特的时装，每年有两次季节性的时装发布会，这些时装由类似 Chanel 或 Dior 这样的高级时装屋来评估。

奢侈品牌

像 Louis Vuitton 、Bottega Veneta 和 Fendi 这样的奢侈品牌，常常会运用高调的广告对其香水、配饰及其他与高级成衣匹配的饰品进行推销。奢侈品牌的时装设计师也可以投入至高级成衣的系列设计。

设计师及高级成衣

设计师及高级成衣品牌公司包括如 Jonathan Saunders 自主的小品牌，如 Dries VanNoten 由许多设计师建立的大品牌，及如 Chanel 等高级时装屋制作的高级成衣。尽管有些时装产品由于设计师个人独特的审美而显得极其个性，但都是按标准的尺寸型号生产。

高街品牌

高街时装公司或大众化市场品牌购买及生产大量的系列时装可在品牌直营店销售。新的时装系列从稿图到成品所需大概几周的时间完成，在每个季度都会按时发货至直营店，例如 H&M 和 Topshop 品牌每隔两周就会发货至零售商。

网购及家庭购物

网购及家庭购物为时装提供了广阔的销售渠道，有时会提供连实体店都不能实现的送货上门服务。由于网购及家庭购物所提供的便利性而十分受消费者欢迎，它们允许更小规模、自主专营的品牌能够直接为消费者提供所需产品。

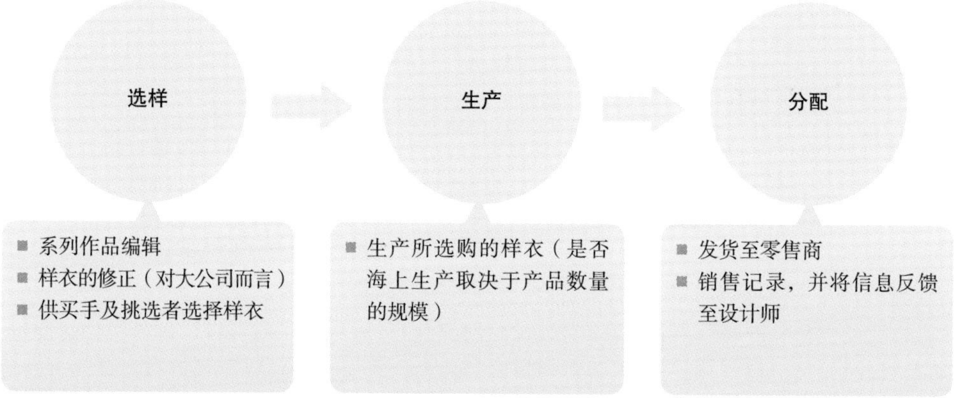

选样 → 生产 → 分配

选样

- 系列作品编辑
- 样衣的修正（对大公司而言）
- 供买手及挑选者选择样衣

生产

- 生产所选购的样衣（是否海上生产取决于产品数量的规模）

分配

- 发货至零售商
- 销售记录，并将信息反馈至设计师

服装的生产、使用和处理都会产生广泛的影响，笼统地说，这些影响主要是来自环境和社会方面的看法。当今的社会，随着服装大规模的生产，以及商业街“快时尚”趋势的流行，人们对服装物品消费的困扰逐渐在增加。

这个问题在图 1–3 中进行了概括，考虑到基于供应链阶段的消费者环节，快时尚的服装产品引起了一系列环境、社会责任的问题，但是它们也代表了目前服装业普遍所面临的种种问题。服装业是一个由全球的供应商、生产者、零售商交织而形成的大网，他们为能在不同法律规章制度下获取大量利益相互竞争而不断改进。

快时尚和JIT（实时生产系统）技术

JIT 系统使用新的生产技术使一件服装的生产速度比传统生产技术提高了 30% 或 40%，而且不会出现任何存货现象。虽然方法不同，但生产者仍可以使用技术上能达到的生产设备去实现这一特定的目的。快速时尚生产商和零售商 zara 通过自身的供应链系统建立许多由机器人进行流程操作的工厂来处理供应链环节，而不是将工作外包给制造商，这样做的目的加速了从设计草图到服装制作完成的生产时间。

图 1–3 | 服装供应链环节对社会及环境的影响

（摘自未来研讨会报道“可持续服装”）

图 1-3

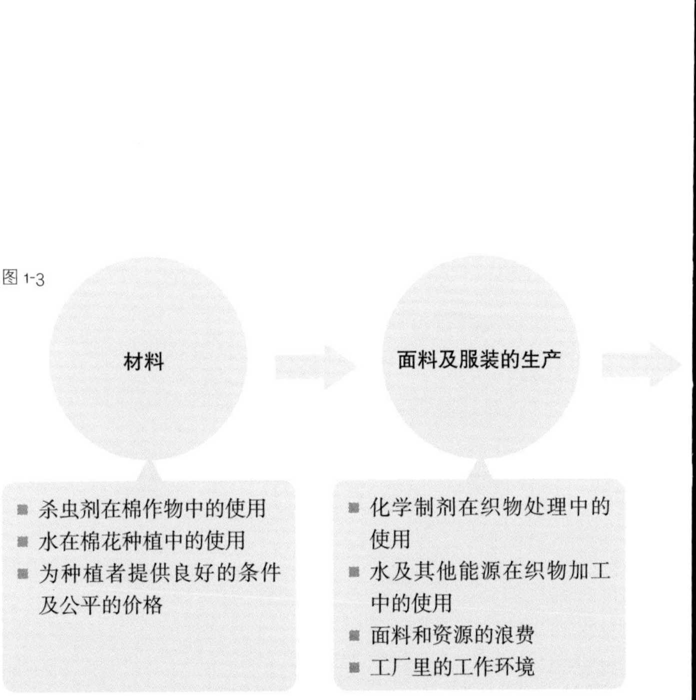

材料

- 杀虫剂在棉作物中的使用
- 水在棉花种植中的使用
- 为种植者提供良好的条件及公平的价格

面料及服装的生产

- 化学制剂在织物处理中的使用
- 水及其他能源在织物加工中的使用
- 面料和资源的浪费
- 工厂里的工作环境

图 1-4

图 1-5

图 1–4 和图 1–5 | **棉花电影：《肮脏的白色黄金》，导演：Leah Borromeo，制片人：Dartmouth Films。**

这部电影《肮脏的白色黄金》以纪录片的形式追踪了棉花从种子到商店的供应链状况，传统的棉花种植中需要大量杀虫剂和水。而棉花采摘者的劳作时间长获取的薪酬却十分微薄。

分配和零售

- 商业街的工作环境和薪酬
- 供应商的态度
- 批发零售中的资源利用
- 包装
- 运输中二氧化碳和废气的排放

使用

- 化学洗涤剂
- 洗衣、烘干、熨烫等过程中对水和其他资源的利用

处理

- 大量的废弃织物变成垃圾
- 早期处理

图 1-6

服装的消费

一件服装一旦被购买后，拥有者就有责任对它进行照料及维护。所谓的“使用环节”，涉及一系列不同的过程，包括穿着、洗涤、烘干、储存及修补、改造等。对于衣物的日常打理，每个人都有自己的方式。然而，大量的研究显示，服装对于环境的影响主要是在使用环节中产生的，主要是衣物洗涤时使用了大量的水能源和化学洗涤剂。

虽然大量的废弃织物的产生是由于浪费的生产方式所造成的，但也有因消费者缺乏织物护理、服装机能的早期处理及修补改造的技巧知识所引起的。服装常常还没经过修补和改造就被使用者丢弃了。目前，对于不想要的服装已有很多回收途径以供使用者选择，努力使织物垃圾整烧的数量达到最小化。掌握如何将使用过及想要丢弃的服装通过板型的改善变成新的服装，这对于服装设计师来说是十分重要的。

图 1–6 | **Marks & Spencer（玛莎百货，简称 M&S）"Shwopping" 运动**

通过"Shwopping"运动，M&S 与英国乐施会慈善机构合作，激励公众捐献服装进行回收、再次销售或再次生产。

图 1–7 | **当地的智慧项目**

Dr Kate Fletcher 在英国伦敦时尚学院发起了"可持续服装读者"的活动，这个项目揭示了为什么人们喜欢保存这些"独特"服装的理由。

处理后的服装去哪了？

根据 2006 年剑桥大学制造研究所提供的报道——英国当今及未来可持续纺织服装发展状况显示：每年大约产生 23.5 万吨废弃织物，其中 74% 的废弃织物变成垃圾，26% 的废弃织物进行回收及焚烧。这项统计揭示了大量废弃的服装及织物变成垃圾堆或焚烧，而很少部分进行回收利用。所有服装材料都有其利用的价值，它们不仅可以在服装中重新使用，也可以回收作为衬布使用。英国消费者人均将高达 30kg 的纺织废料丢入垃圾填埋场，这一数据显示可以进一步鼓励消费者更多地参与到废旧服装的可回收利用中来。

图 1-7

目前在众多服装业市场中，有一个正在蓬勃发展的市场就是可持续服装。虽然可持续服装是近来所出现的概念，但20世纪60年代初就引起设计界的关注。自从那时起，人们尝试了多种多样的途径来试图减少服装对环境及社会的影响。然而这些途径只是集中在对材料的合理选用上，现代的服装业更关注面料选择的多样化渠道。

图1-8

图1–8 | Edun春夏系列2012

2005年Ali Hewson和Bono创立的Edun SS12品牌，力图长期与供应商、生产商和非洲社区艺术家合作，给时装业带来积极的变化。

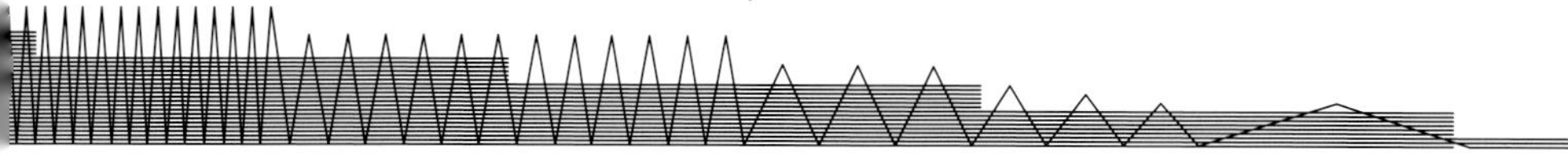

1960s~1970s

20世纪60~70年代，环境保护主义者开始呼吁人们关注消费主义对环境的影响及破坏，且更多地关注能源生产及消费上的可持续发展途径。直到20世纪70年代，有些环保组织开始呼吁人们关注环境恶化的问题，如绿色和平组织（GreenPeace）。同时，Victories Papanek发表了优秀的文章《为真实的世界设计》（1971年），Rachel Carson撰写了著作《沉默的春天》（1962年），这些研究对棉花种植及纺织生产工业所带来的环境破坏提出了关键性的批判，随后关于负责任的设计运动也开始出现。

1980s~1990s

20世纪80年代音乐和电影对服装的影响刺激了亚文化群体对复古样式的追捧，小部分设计师开始探索产品设计的生态效益。20世纪80年代末期设计师产品铺天盖地的流行，一些关注消费者环境安全保护的行业出现。意大利针织服装公司贝纳通也开始运用一系列有争议性的广告活动激起人们思考有关种族主义、人权、贫困、饥饿等问题。

20世纪90年代具有环保意识的设计师纷纷倡导“生态设计”的理念，而同时也出现了大批具有社会环保意识的消费者，他们钟爱一些具有环保认证品牌的产品，如Birkenstock的鞋。服装业开始进行各种与环保主义理念及生态服装相关的产品开发，出现了一些开发独特系列产品的国际商业公司，如Esprit。然而，即使商业有机棉的出现，对具有成本意识的消费者来说也不具有很大的吸引力。

生态设计

服装的生态或绿色设计指在服装产品设计与生产生命周期内防止对环境产生消极的影响，旨在避免、减少和消除对地球自然资源污染、破坏或浪费的行为。

2000s

最近几年，服装的可持续设计已经不只单纯地理解为绿色及生态设计，其概念重新得到了更为广泛的定位，且对有关长期产品创新策略的社会问题做出了整体分析。从一些有关大众化市场的零售及户外、表演服装行业的研究中可以看出服装业对可持续设计的关注和响应。

像 Marks & Spencer（英国）、Patagonia（美国）、Terra Plana（英国）和 Nike（美国）等公司在设计及生产领域都实施了一些可持续的发展战略，除大众化市场品牌的时装和户外、表演服装行业外，英国的高端时尚设计品牌也通过利用环保亲和的面料及加工方法不断积极响应这种环保、符合道德要求的可持续发展理念，如 Stella McCartney 和 Katharine Hamnett 等品牌。

可持续设计策略

可持续设计策略的使用可以减少产品生产、使用、处理环节中对环境和社会的负面影响，这对设计师来说是最为理想的方法。可持续发展策略的研究最初在设计行业中出现，在过去的四五年时间里，这些策略已逐渐被服装设计师所采纳。

图 1-9 | 来自 Patagonia 的广告“不要买这件夹克”，2011 年

Patagonia“不要买这件夹克”的广告呼吁消费者要考虑购买的服装所带来的环境影响。美国户外成衣公司运用消费者丢弃的水瓶来生产摇粒绒服装。这个公司还利用生产的循环系统将废弃的聚酯纤维服装重新回收和使用，制造成新的摇粒绒服装产品。

图 1-9

DON'T BUY THIS JACKET

It's Black Friday, the day in the year retail turns from red to black and starts to make real money. But Black Friday, and the culture of consumption it reflects, puts the economy of natural systems that support all life firmly in the red. We're now using the resources of one-and-a-half planets on our one and only planet.

Because Patagonia wants to be in business for a good long time – and leave a world inhabitable for our kids – we want to do the opposite of every other business today. We ask you to buy less and to reflect before you spend a dime on this jacket or anything else.

Environmental bankruptcy, as with corporate bankruptcy, can happen very slowly, then all of a sudden. This is what we face unless we slow down, then reverse the damage. We're running short on fresh water, topsoil, fisheries, wetlands – all our planet's natural systems and resources that support business, and life, including our own.

The environmental cost of everything we make is astonishing. Consider the R2® Jacket shown, one of our best sellers. To make it required 135 liters of water, enough to meet the daily needs (three glasses a day) of 45 people. Its journey from its origin as 60% recycled polyester to our Reno warehouse generated nearly 20 pounds of carbon dioxide, 24 times the weight of the finished product. This jacket left behind, on its way to Reno, two-thirds its weight in waste.

And this is a 60% recycled polyester jacket, knit and sewn to a high standard; it is exceptionally durable, so you won't have to replace it as often. And when it comes to the end of its useful life we'll take it back to recycle into a product of equal value. But, as is true of all the things we can make and you can buy, this jacket comes with an environmental cost higher than its price.

There is much to be done and plenty for us all to do. Don't buy what you don't need. Think twice before you buy anything. Go to patagonia.com/CommonThreads or scan the QR code below. Take the Common Threads Initiative pledge, and join us in the fifth "R," to reimagine a world where we take only what nature can replace.

COMMON THREADS INITIATIVE

REDUCE
WE make useful gear that lasts a long time
YOU don't buy what you don't need

REPAIR
WE help you repair your Patagonia gear
YOU pledge to fix what's broken

REUSE
WE help find a home for Patagonia gear you no longer need
YOU sell or pass it on*

RECYCLE
WE will take back your Patagonia gear that is worn out
YOU pledge to keep your stuff out of the landfill and incinerator

REIMAGINE
TOGETHER we reimagine a world where we take only what nature can replace

patagonia
patagonia.com

TAKE THE PLEDGE

* If you sell your used Patagonia product on eBay® and take the Common Threads Initiative pledge, we will co-list your product on patagonia.com for no additional charge.

今天的可持续服装发展将会考虑到三个重要的领域：社会领域（主要体现在社会公平方面），环境领域（主要体现在生态平衡方面），经济领域（主要体现在经济上的可行性方面）。

这就要求设计师有责任从这三方面着手对可持续服装设计进行整体分析。

可持续服装设计可以通过生产方式及调查途径等达到减少及改善对环境及社会的影响。服装设计师越来越意识到纤维和面料对环境及社会影响的重要性，他们还应寻求更多元化的方式来达到可持续的设计，而不只是单单依赖面料的选择，因为许多令人兴奋的创意是来自于其他的供应链环节及其他环节的参与者。

生命周期的理解与思考

每件服装都具有超越零售店范围外的一个完整的生命周期，记住这点很重要。传统的观念认为，服装业的供应链环节只包含设计、生产和分配。但是，要知道它还包含了使用及处理环节。作为设计师，在设计服装的使用及处理环节中，你应该能够通过设计来影响服装款式的使用。从目前来看，服装的概念及时尚流行的速度都会受到一定的挑战。例如，一件服装通过服务体系得到了完善，甚至保留了一辈子，一件上衣的使用与别人得到了分享，而不是被独自占有，一条裙子可以经过无数次的安全反复使用。

图 1-10

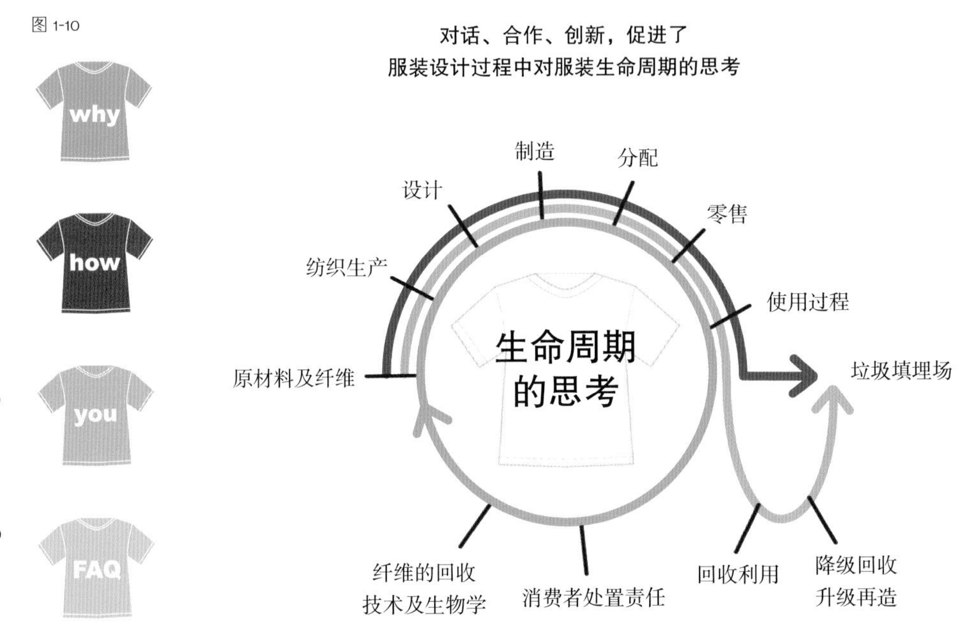

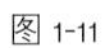

图 1-10 | **生命周期的思考 Alice Payne 的 CMS 系统**

研究学者 Alice Payne 为时装业创立了有关生命周期思考的目录管理系统，这个系统为公司员工提供了一个思想交流及知识共享的网络平台。

图 1-11 | **Junky Styling 设计的西装外套——牛仔与“OMG”混搭，2011 年秋冬**

Junky Styling 通过对现有、废弃的旧服装的解构转化成了新的服装样式。消费者可以把他们自己的服装送入“衣柜手术”进行重新再造并使用。

生命周期

“生命周期”这一术语指的是一件产品从纤维材料的提取开始到使用后的处置为终止点的这一整个过程。

设计师的责任

服装设计师作为最早期方案的决策者，有责任去引导服装系列产品产生的整个发展过程，并需要不断联络沟通各工序的工作人员。而且，当服装设计师面临自身的特殊情况时，依然需要恰如其分、坚定地将可持续发展理念运用到设计中来。

服装制造者在可持续发展方面经常停留在表面层次，但是如果可持续性只停留在嘴上的话，就会造成服装业可持续发展的停滞不前。将产品重新包装成环保产品的现象充斥着许多零售市场，如果可持续性不能得到令人信服地解决，这种现象甚至将会出现在服装的主流市场。

图 1-12

图 1–12 和图 1–13 | People tree 品牌系列产品，2012 年秋冬

People tree 品牌是世界公平贸易组织的成员，是服装业公平贸易的先锋以及网络服装零售品牌，其服装产品主要为了改善和提高农民及生产工人的生活条件。

图 1-13

制订改进计划

许多有关可持续服装的纺织材料技术、生产方式和消费者的日常护理（参见本书附录资源部分）的信息资源都可从本书中获得。设计师对可持续发展的面料、纤维和纺织技术掌握越多的时候，真正的挑战就要开始了，这是因为设计师需要在设计概述中设立一定范围的目标。然而，在进行可持续设计时，设计师往往不能准确把握从哪里开始着手。在设计阶段，设计师需要预测一件新服装将带给环境的潜在影响。为了在设计过程中能够更好地把控绿色环保可持续发展概念，设计师需要准确了解服装生命周期的各项环节。在以后的章节中将会阐述此方面的内容。

绿色外衣

这个术语通常用来描述某些公司通过环保产品的口号掩盖对环境的污染行为，或过分夸大其产品的环保性能，经常与产品广告、促销及市场相关联。

图 1-14

图 1-15

图 1–14 和图 1–15 | Ada Zanditon 的系列产品，2011 年秋冬

Ada Zanditon 的哲学理念是通过可持续发展的商业实践创造出令人满意的服装，在伦敦通过采购符合道德且环保的纺织材料来生产系列产品。

凯瑟琳·哈姆内特

自从20世纪80年代以来，英国设计师凯瑟琳·哈姆内特（Katharine Hamnnett）就开始进行维权行动，通过服装促进社会去关注影响人类和环境的关键问题。Hamnnett也被称之为服装业的环保大使，因为她一直在为服装的环境保护方面的提高而努力。

1983年，Hamnnett开始生产印有标语的T恤，这款产品成了她的标签物。最有名的是，1984年与当时首相马格·丽特（Margaret Thatcher）会晤时候，Hamnnett为抗议导弹系统而穿着一件印有“58%不想要珀欣（Pershing）”标语的T恤。在她1989年的秋冬系列产品“清理或死亡”中，Hamnnett努力尝试引导公众反思棉花生产给环境及棉花种植者生活所带来的影响。她一直关注棉花生产所带来的热点问题，同时她是有机棉的热心支持者。

2011年，她的Katharine E Hamnnett品牌重新开张，她为有机棉使用带来的利益坚守承诺；她的T恤生产在经社会认证的、有着先进印染污水处理设施的工厂进行。

2012年与英国气候周不谋而合的是Hamnnett与Justice Foundation（EJF）组织合作建立了有机棉T恤的品牌“拯救未来”。通过时装零售品牌H&M销售所得到的大量资金资助EJF的活动，这个举措被人们认为意义十分重大。“‘拯救未来’，太多的热空气，我们该要为之做些什么了”，是Hamnnett在竞选活动中声明要帮助那些受环境破坏而影响深重的穷困人民。

<www.Katharine Hamnnett.com>

图1-16

图1-16 | 凯瑟琳·哈姆内特（Katharine Hamnnett）的“拯救未来”T恤

2012年，Hamnnett与Justice Foundation（EJF）环保组织、时装零售品牌H&M合作的“拯救未来”标志性口号的T恤。

图1-17 | 凯瑟琳·哈姆内特（Katharine Hamnnett）的“没有更多的服装受害者”T恤

Hamnnett与Helvetas发展组织、Justice Foundation（EJF）环保组织合作的“没有更多的时装受害者”T恤，这件T恤由100%产自于马里共和国的有机棉制作的。

图 1-17

服装可持续发展的思考

虽然现在出现了许多可持续发展的服装品牌，在设计及生产可持续服装的环节中也有许多方法值得借鉴。这个练习将会促进你去思考目前设计师在时装设计及生产环节中所采用的可持续发展的方法。

你的任务就是通过不同的资源，如书籍、网络、期刊等，找到三个分别运用不同方法进行可持续性设计及生产的时装品牌。

根据以下几个方面去寻找时装品牌：

- 回收或升级回收废弃的材料制作成新的服装。
- 运用有机或可持续性面料生产新的服装。
- 服装产品经过设计能够保留更长的时间。

运用视觉图片和文字陈述，创造一个能够反映你调查结果的情绪模板。每个品牌是如何进行设计和生产的？比较这些品牌的不同处，哪一种方法你更感兴趣？你能否将这任一方法运用到你自己的实践中去？

图 1-18 | Annika Matilda Wendelboe 的 Panache 系列产品—“Tant Brun”夹克，2013

瑞典设计师 Annika Matilda Wendelboe 是首位设计完全可回收的服装系列产品的设计师之一，该系列产品运用环保设计理念“摇篮到摇篮”（即 C2C）认证的面料，像这件展示的“Tant Brun”夹克既可堆肥又可回收。

图 1-18

在这一章里，你将会学习到如何将生命周期思想运用到服装的设计及生产中。潜在环境及社会影响贯穿于服装生命周期的各个阶段。这章也为读者介绍了一系列的可持续性设计策略，以及设计师如何将这些策略运用到他们的服装设计中，显示的大量资源可以帮助你对这个过程进行更深入的研究。

"我认为不失任何有利条件地去努力为消费者提供高质量的产品是非常重要的，而且还要努力对你所思考的方式和材料的采集方式更加负责任。"

——斯特拉·麦卡特尼

（Stella McCartney）

2

图 2-1 | 2010 年 From Somewhere 和 Speedo 合作的限量版服装

英国时尚品牌 From Somewhere 与 Speedo 合作推出的系列限量版服装，为利用 Speedo 的存货和 Speedo LZR 赛车服的剩余部件设计制作的。

图 2-1

服装的生命周期通常分为五个重要的阶段：设计、生产、分配、使用和终止。服装设计中需要全盘考虑服装生命周期的这五个阶段，且在做设计决策时要充分考虑其对环境及社会的影响。在这个过程中需要对设计的可持续性认证进行评估。

图 2-2 | 服装的生命周期

服装设计师可以影响一件服装生命周期的所有环节。

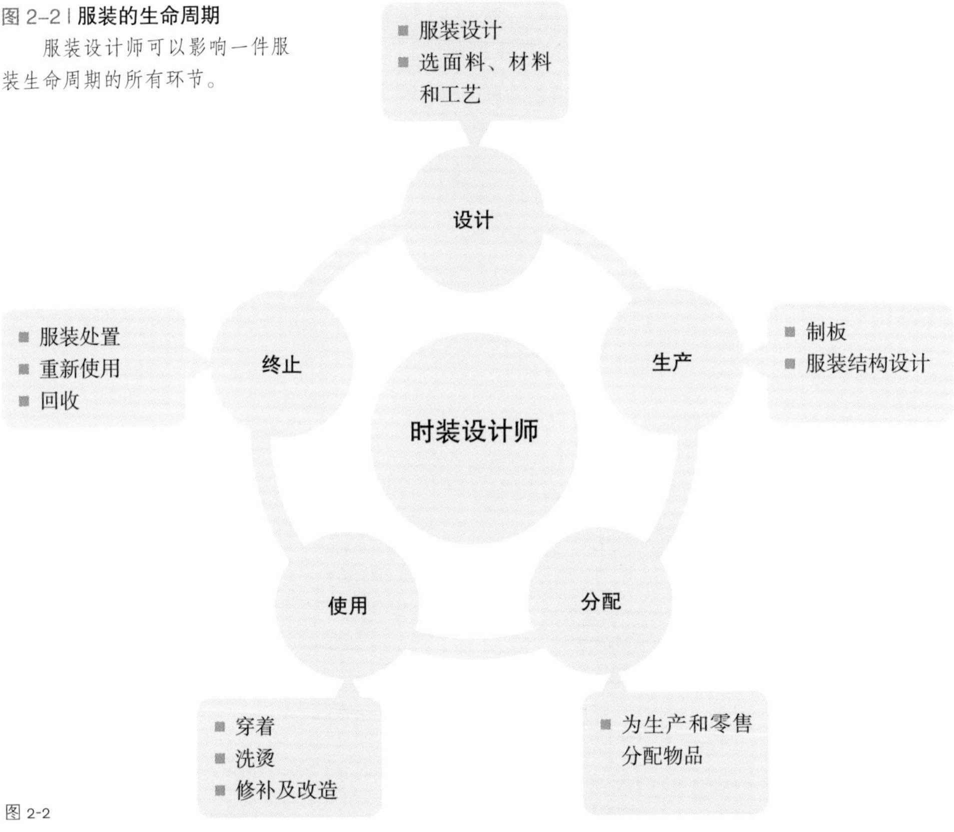

设计
- 服装设计
- 选面料、材料和工艺

生产
- 制板
- 服装结构设计

分配
- 为生产和零售分配物品

使用
- 穿着
- 洗烫
- 修补及改造

终止
- 服装处置
- 重新使用
- 回收

时装设计师

图 2-2

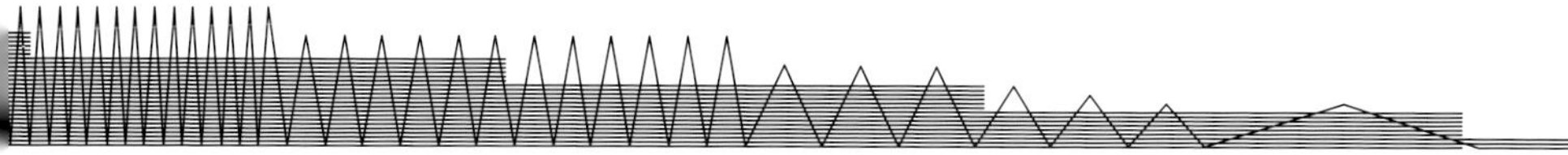

改进措施

为了开始进行改进，你有必要研究以下几个步骤。

第一个步骤是构思目标开发产品的生命周期，这个步骤最好在设计开始前就确定。这意味着专注于某件服装或不同类型服装的组合设计时，你要知道分享他们的相似之处。

第二个步骤是依据产品对环境及社会影响的评估确定关键问题。第三个步骤是重新评估，挑出重要问题进行处理。第四个步骤是参与可持续发展策略的实施，这将有助于减少和避免某些问题的出现，并确保在服装生命周期的各环节不会产生负面影响。

图 2-3 | 2012 年 Clara Vuletich 为改变而设计的项目

设计师和研究者 Clara Vuletich 重新使用从供应链中的三个环节收集到的废弃牛仔面料。

图 2-3

服装产品生命周期的各项状况都显示了有关服装对环境与社会影响的信息。在这过程开始时就考虑这些影响因素是十分重要的，例如，当你决定开始对原材料的可持续性进行评估的时候，就不需要从提取未加工的纤维开始。但是，供应商应提供准确的原材料信息，并确保信息与材料能够一致。

接下来就要引入服装生命周期内所要经历的各项环节和过程。应该注意的是，这些指定的环节可依据公司具体情况而定（可参考第 13 页的“服装的市场层次”章节内容）。

设计

服装生命周期的设计环节包括对市场及流行趋势的研究，设计理念形成后可以开始着手进行系列产品设计。但是，要记住一点，也是很重要的一点，即设计的过程也包括识别和采购面料、裁剪、加工等过程。

生产

选择完面料及设计理念形成后，设计师通常要与裁剪师、车工等其他专业人员进行合作。因为这个过程涉及一些专业技术，如平面制板、立体裁剪等。最后，服装生产的模式由所采用的板型制作及样衣制作所采用的方法决定，因此，对板型制作和样衣制作的研究是十分关键的。

图 2-4

分配

分配环节可以延伸至服装的整个生命周期。分配渠道需要将服装生产所需材料运送至设计及生产环节（样衣制作、制板），还需要将最后的服装成品运送至零售商或直接送达至消费者，而且在贴标签和包装过程中也需要有分配的环节。

使用

就服装的生命周期而言，使用的环节普遍得到高度关注，这主要是受洗涤所带来的影响决定的。服装如何使用？服装为什么会被丢弃？服装因何被丢弃？为了使服装的整个生命周期得到改进，设计师有必要去把握这一系列的问题。

终止

第 1 章讨论了丢弃至垃圾堆以及被焚烧的纺织废料是最多的。然而，许多方法可以使服装的使用期得到延长或使废弃的服装被再次利用，如服装的回收和服装生产闭环系统的应用。

图 2-4 | Gunas 的 Quantum 系列的手提袋—“纽约先驱”

奢侈配饰品牌 Gunas 生产了抵制劳力剥削和生态保护的手提袋。

识别影响

生命周期一旦被确定，下一个步骤就要进入识别服装生产环节所产生的影响，而且还要识别在使用和处理环节产生的持续性影响。当你在认真考虑服装的生命周期的各环节时，有必要去记录“输入”信息，如面料、饰品、纺织工艺、制造业及分配方法，同时，还需要识别你所决策的“输出”信息。

图 2-7 | 服装生命周期每个环节所涉及的影响

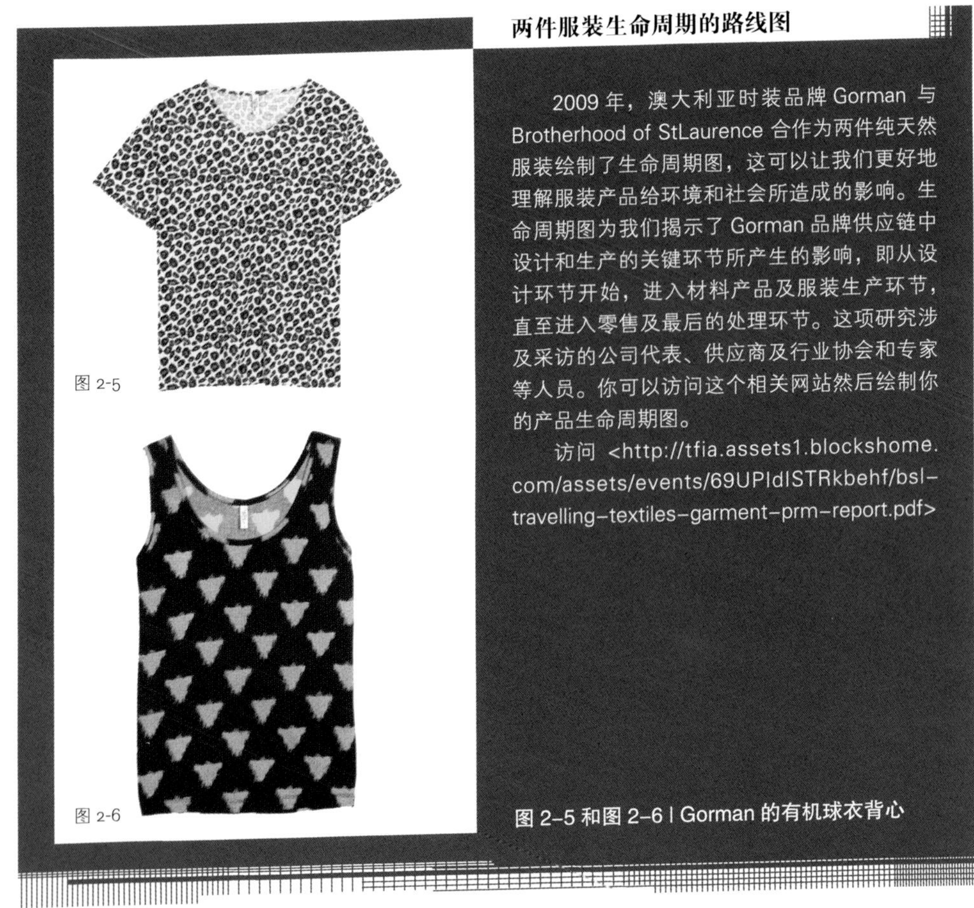

图 2-5

图 2-6

两件服装生命周期的路线图

2009 年，澳大利亚时装品牌 Gorman 与 Brotherhood of StLaurence 合作为两件纯天然服装绘制了生命周期图，这可以让我们更好地理解服装产品给环境和社会所造成的影响。生命周期图为我们揭示了 Gorman 品牌供应链中设计和生产的关键环节所产生的影响，即从设计环节开始，进入材料产品及服装生产环节，直至进入零售及最后的处理环节。这项研究涉及采访的公司代表、供应商及行业协会和专家等人员。你可以访问这个相关网站然后绘制你的产品生命周期图。

访问 <http://tfia.assets1.blockshome.com/assets/events/69UPIdISTRkbehf/bsl-travelling-textiles-garment-prm-report.pdf>

图 2-5 和图 2-6 | Gorman 的有机球衣背心

输入：
- 你打算使用什么样的材料？
- 这些材料由什么制成的？
- 你将会使用到什么样的相关工艺？
- 这些工艺需要哪些资源？

输出：
- 有哪些输出源自纺织品处理？如染色和印花。
- 有哪些输出源自原材料的生产工艺？
- 能否看到一些涉及服装设计相关的输出？

输入：
- 在服装生命的终止环节发生了什么情况？
- 在处理的环节需要提供哪些服务？

输出：
- 废料处理的过程会产生哪些影响？
- 材料能否回收和重新被利用？
- 如果服装被丢弃或焚烧，将会发生什么情况？
- 这会不会影响人类的健康？

输入：
- 谁制作的用品和服装？
- 服装在哪里生产制作？
- 生产过程需要哪些资源？

输出：
- 生产过程是怎样产生纺织废料的？
- 生产过程中有没有其他的浪费？
- 生产过程中有没有对人的健康和生命产生负面影响？

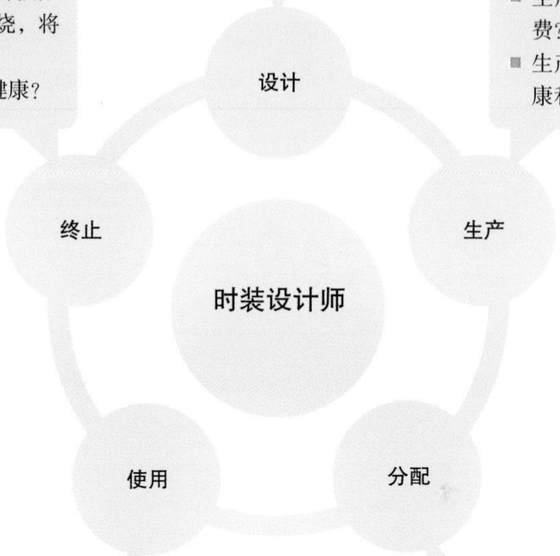

设计

终止

生产

时装设计师

使用

分配

输入：
- 在使用环节需要提供哪些服务？
- 首选的洗涤方法是什么？
- 服装要使用多久才需要清洗？
- 服装的保存需要什么条件？

输出：
- 有哪些输出是源自你的洗涤方法？
- 在熨烫和滚筒烘干时是否需要使用能源？
- 是否对人类健康产生负面影响？

输入：
- 产品生产前和生产后货物需要运输多长距离？
- 如何运输？
- 货物需要哪些包装？
- 产品储存需要哪些条件？

输出：
- 在运输的过程中需要哪些能量与资源的消耗？
- 如何处理包装的废弃物？

图 2-7

当你已经识别了服装生命周期的各项环节所带来的影响后，下一步就是评估所收集的资源信息。

生命周期的评估模式

设计及生产团队可通过一系列的工具和模式衡量服装对环境产生的消极影响。在服装行业中，其生命周期的评估最普遍使用的方法就是生命周期评估体系模式（Life Cycle Assessment，简称 LCA）。这个评估体系通常可以揭示能源及水的使用情况，以及整个生命周期内所排放的废弃物和污染物的情况（虽然不能衡量社会及道德的影响情况）。这个结果使材料和资源的度量单位得到了量化。有关实行的方针及守则得到了国际标准化组织的确立。

这个评估体系的类型通常被称为“摇篮到坟墓”的方法。而“摇篮到摇篮”的方法旨让结束生命周期的材料安全地回到环境或生产的闭环系统中，能通过 LCA 对终止环节的附加思考得到分析。

图 2-8

牛仔裤的生命周期

牛仔裤生命周期的研究证明了评估体系可以很好地反映所介绍的信息。许多研究表明所有研究都趋向于突出一个共同的话题，即与国外进行服装的合作生产需要的长途运输，以及在棉花种植、纺织品处理过程及洗涤环节中大量水资源的使用。访问 Levis Strauss & Co website 去查找一条牛仔裤的生命周期看起来像什么。

图 2-8 | Nurmi 的“Beth”女式牛仔裤

Nurmi 的牛仔生产过程对消费者来说都是透明的。

简易的评估模式

行业工具对衡量和比较不同的材料及加工时是很有用的，设计师必须对服装设计的可持续性发展做一个全盘的考虑，在概念形成或研究阶段寻求设计及服装制作方面的可选性策略。在设计阶段的初期，设计师通过简易的评估工具能够对服装生命周期进行评估，评估工具可通过人工或电脑软件进行操作。例如，运用数字 1~10 量化影响程度，得出的结论可转化成视觉交叉图形或轮状图形，这些图形会凸显出需要处理的问题。有关环境和社会的关键影响问题一旦得到确认，接下来就是寻找改进的办法。

行业工具和模式

EcoMetrics 计算器

EcoMetrics 网络计算器是用来估量不同纺织品和加工方式所带来环境影响的行业工具。

<www.colour-connections.com/EcoMetrics>

耐克的深思熟虑指数

耐克研制了有关环保的服装设计软件工具，这个软件工具的使用旨在减少服装及鞋类的环境足迹。基于输入信息的数值评分系统的使用，最终的得分将放置在以“好”至“需要改进”的范围类别中。

<www.nikebiz.com/crreport/content/environment/4-1-0-overview.php?cat=overview>

新评定标准

这项标准使设计师和公司在产品生命周期的不同环节能够评估服装对环境造成的影响，例如，用水量、能源损耗及二氧化氮的排放量、化学制剂及有毒物质的使用。

<www.apparelcoalition.org/higgindex/>

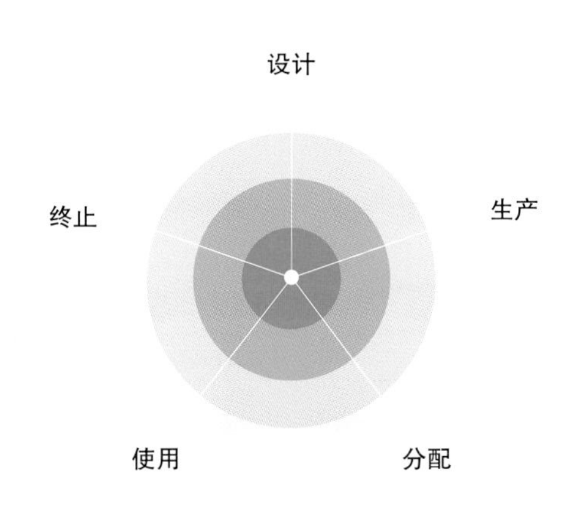

图 2-9

图 2-9 | **一件服装对环境影响的评级**

虽然网上有许多可使用的评估工具，但是这里所展示的工具模板，将会帮助你对服装进行从“好”到“坏”的评级。

第 1 章中所讨论的可持续性设计策略着重阐述了对服装生命周期的设计、生产、使用和处理环节进行改进的方法。实行的策略包含重点目标的实现环节。

此外，有些策略既可以适用产品生命周期的某一环节，也可以延伸使用至其他几个环节。例如，有关废物最小化的策略可在整个服装生命周期内的设计及生产环节中使用，设计和生产团队在设计开始阶段就要尽量使废物的产生和资源（材料、水、能源等）的损耗达到最小化。或者在某个特殊环节进行的改进策略，如“为拆装而设计”的方案，专注于创造一种能在使用后很容易进行拆装的产品，因此，其材料组件能够得到重新利用和回收。

图 2-10

图 2-10 | Nicole Bridger 的设计作品，2012 年秋冬

温哥华总部设计师 Nicole Bridger 利用可持续性材料，包括有机棉和全球有机纺织标准认证的羊毛等，在温哥华设计了其中 90% 的系列产品，与公平贸易生产商制造了另外 10% 的系列产品。

图 2-11

图 2-12

图 2–11 | Wandering Silk 机构运用 Kantha 绣花对纱丽围巾进行升级回收

在印度建立的公平贸易组织 Wandering Silk 机构，通过对过时的纱丽围巾进行升级回收，生产了风格独特的丝绸围巾及棉围巾。层层的纱丽通过传统 Kantha 绣花缝制在一起，由当地的艺术家手工制作。

图 2–12 | Kallio 品牌的童装

纽约童装品牌 Kallio 回收利用男式商务衬衫进行童装和饰品设计。

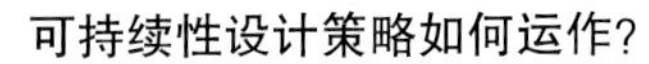

可持续性设计策略如何运作?

许多可持续性设计策略着重体现在对环境的改进，这在生态和绿色设计领域已得到了广泛认可。然而，设计师应该关注社会、道德、经济需求之间的平衡关系，因为，可持续设计策略旨在这些重要的问题方面提出改进措施。可持续性策略能够运用在服装的设计、生产阶段，通常至少需要满足以下一些原则：

- 资源损耗最小化
- 选择对环境影响较低的加工方式
- 提高生产技术
- 减少使用过程中产生的影响
- 提高服装的生命周期
- 改善终止过程的使用率

图 2-13

图 2-13 | Martina Spetlova 的作品，2013 年春夏

Martina Spetlova 2010 年伦敦中央圣马丁学院硕士毕业生。这是她通过回收的材料进行再造的补丁作品。回收材料有序地编织在一起，黑色与亮丽颜色的搭配，形成了高端时尚的款式。

图 2-14

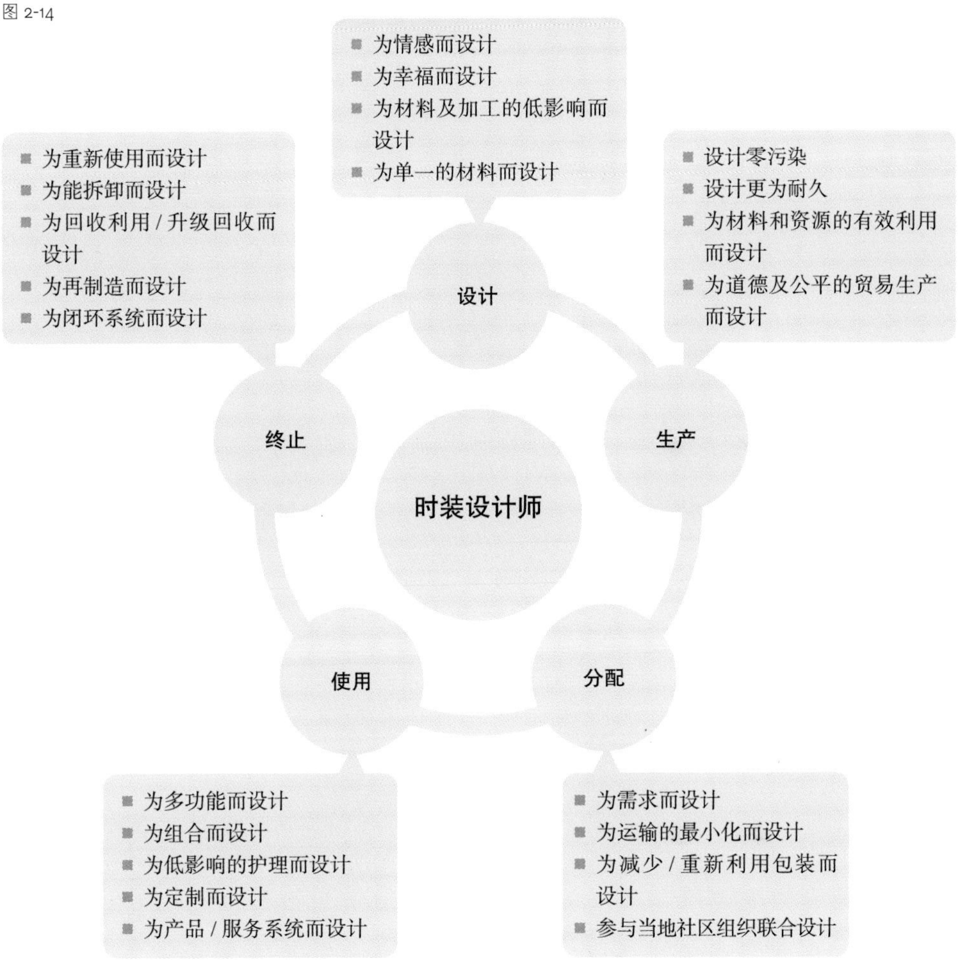

- 为情感而设计
- 为幸福而设计
- 为材料及加工的低影响而设计
- 为单一的材料而设计

设计

- 为重新使用而设计
- 为能拆卸而设计
- 为回收利用 / 升级回收而设计
- 为再制造而设计
- 为闭环系统而设计

终止

- 设计零污染
- 设计更为耐久
- 为材料和资源的有效利用而设计
- 为道德及公平的贸易生产而设计

生产

时装设计师

使用

- 为多功能而设计
- 为组合而设计
- 为低影响的护理而设计
- 为定制而设计
- 为产品 / 服务系统而设计

分配

- 为需求而设计
- 为运输的最小化而设计
- 为减少 / 重新利用包装而设计
- 参与当地社区组织联合设计

图 2-14 | **可持续性设计策略的运用**

这个模式（作者所开发）显示服装生命周期的各阶段与对应的可持续设计策略是保持一致的，这里所描绘的策略已经使用在了时装行业中，或在执行的实验项目和研究中得到了考验。接下来的几章将会为读者提供许多更为详细的策略。

可持续性设计策略的运用

一旦评估及确定了需要解决的问题，就可以开始选择恰当的可持续性设计策略，这个策略将帮助降低或排除产品带来的消极影响。执行单一的策略是非常有效的，因为根据它可进行目标的设定。这不仅可以激发你的创造潜能及引导你把握可持续性设计的机会，也能够使你更好地看到可持续性设计策略如何改变你对服装的设计及制作的看法。

然而，在可持续性发展进行中，你有必要去领会服装生命周期思想的可持续策略。服装生命周期思想中的关键就是考虑你的决策所带来的结果，且需要记住，一个阶段所做的改进不能给其他阶段造成消极影响。责任不能够进行转移，认识这点很重要。因此，当你实施某一特殊的策略时，会制订一些可行的改进措施，但一定要努力考虑一些你不想要出现的结果。

这种预见性目标实践的优势在于你能够通过探索事物的发展状况揭示潜在的重大可行性改进策略。

图 2-15

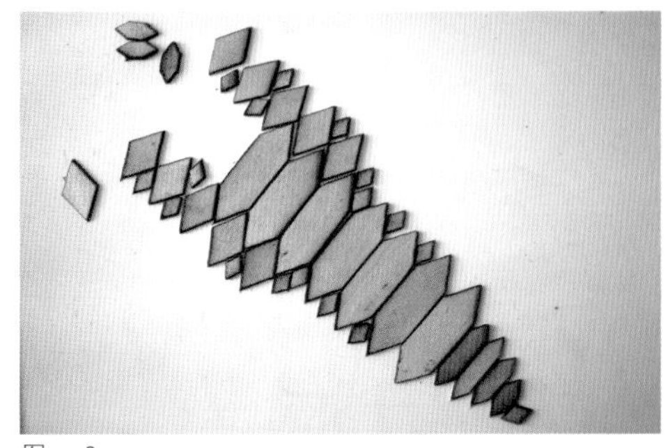

图 2-16

图 2-17

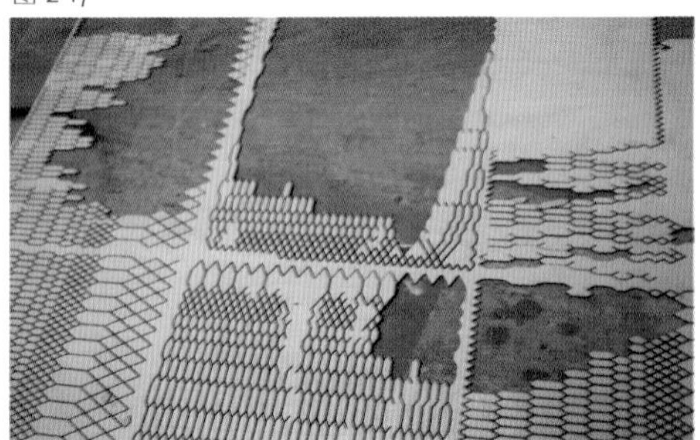

图 2-18

图 2-19

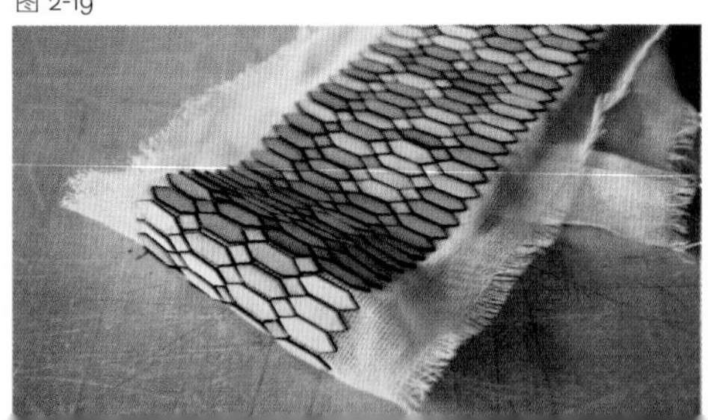

图 2-21

图 2-15 ~ 图 2-21 | Stefanie-Niewenhuyse 的仿生学项目的拍摄过程

StefanieNiewenhuyse 利用生物垃圾公司 InCrops 企业中心捐赠的废弃胶合板创造了激光切割纺织品的创新理念，并用这些纺织品制作了一系列服装作品来完成他的硕士项目。

图 2-22 | Lu Flux 的“Everything but the kitchen sink”系列服装，2012 年秋冬

服装设计师 Lu Flux 将复杂的编织、打褶和传统的拼布工艺相结合制作奢华服装。Lu 在道德服装论坛的会议中被授予创新奖，以此来褒奖他在为世界可持续服装发展所进行的令人兴奋的设计。

斯特拉·麦卡特尼

斯特拉·麦卡特尼（Stella McCartney）被认为是服装业中最具有社会责任的名人。1997 年担任 Chloé 设计总监后，2001 年斯特拉·麦卡特尼创立了自己的品牌，与 23 个国际商店及全球的网络批发客户进行合作。目前，麦卡特尼的品牌已经发展成为包含童装、香水、眼镜、女式内衣等产品在内的品牌公司，并与著名运动品牌阿迪达斯公司展开合作设计成衣和配饰。

斯特拉·麦卡特尼在她的系列作品或合作的作品中从未使用皮革、动物毛皮及任何动物制品制作服装。她尽可能将可持续性发展的原则注入她的品牌中。在她的系列作品中，常使用有机棉、污染较低的染料及新技术和新材料。麦卡特尼有意识的做出这种选择，并认识到与支撑设计行业变革的机构进行合作的重要性。

2012 年，麦卡特尼公司加入道德贸易计划组织（简称 ETI），这个组织专为改善全世界服装行业人员的工作条件而成立的。公司已经与自然资源国防委员会合作进行了有关“清洁设计”的计划。“清洁设计”计划旨在减少欠发达国家生产实践中废物的排放。斯特拉·麦卡特尼是第一家将这项计划引入欧洲的公司，为了在纺织生产中减少水和能源的使用，也是第一家与意大利厂家合作并取得成效的公司。

这家公司旨在整个运作环节中降低对环境及社会的负面影响，整个运作环节还包括审查、改进生产实践及其他经营业务。正如公司所声明的那样，“我们在设计服装、开店、制造产品时会一直考虑我们是否对人类所共同拥有的地球造成了威胁。我们可能不是完美的，但我们一直在努力。”

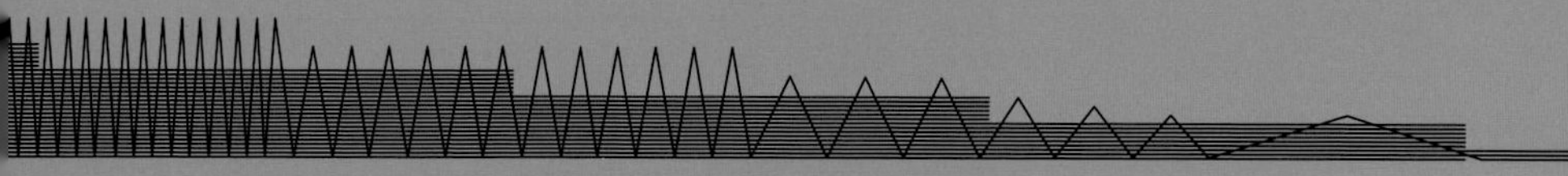

图 2-23

图 2-24

图 2-25

图 2-23 | 手提包（肯尼亚生产），2011 年春季

斯特拉·麦卡特尼与国际贸易中心的时装计划组织合作设计了系列手工可回收的帆布手提包。这个方案的实行胜过了慈善机构，通过提供工作和培训，为肯尼亚最弱势的群体创造了可持续性的生计。

图 2-24 | 生物鞋底，2010 年秋季

斯特拉·麦卡特尼投身于对创新、生态和奢华的皮革替代品材料的运用，在 2010 年秋季系列产品中推出了一个可生物降解的橡胶鞋底，自此以后，她一直在系列作品中使用这种材料。

图 2-25 | 有机棉服装，2013 年春季

斯特拉·麦卡特尼在系列作品的设计中会尽可能地使用有机棉。有机产品有效地使用水资源不会产生有害的化学物质，避免土壤被污染。在 2012 年里，斯特拉·麦卡特尼有 34% 的牛仔、36% 的运动衫、50% 的儿童针织衫是有机棉制作的。

比较两件衣服

在这个练习里，你需要对比两件服装对环境和社会影响的表现情况。这个练习很适合由团队来完成，尤其适合来自不同的服装领域和纺织行业中的团队成员，例如编织工、纺织品设计师或服装设计师。评估还可以作为一种工具，用于现有产品与其重新设计的版本进行比较。此外，对于一个新设计理念的形成来说，这也是很有价值的练习。

图 2-26

首先，选两件之前不同时期和运用不同纤维设计或制作的衣服。

然后根据本书第 32 页所显示的“服装生命周期”图，为每件服装建立一个生命周期示意图，显示其所有对环境及社会的主要影响。根据本书第 37 页所显示的图考虑其输入及输出的信息。

再次，根据本书第 39 页显示的评估模式，根据你认为的比例分别绘制两件服装对环境影响的评估图。你发现了什么？哪件服装整体表现更好？你认为它们分别需要在哪些方面得到改进？

图 2-26 | Tammam 的婚纱礼服

Tammam 是 2007 年设在伦敦总部的道德新娘女装公司，常用包括有机棉及柔和的丝绸等可持续性的面料，运用传统的手工技术生产成衣及定制服装。这家公司有实行公平贸易及全面受监控的供应链。

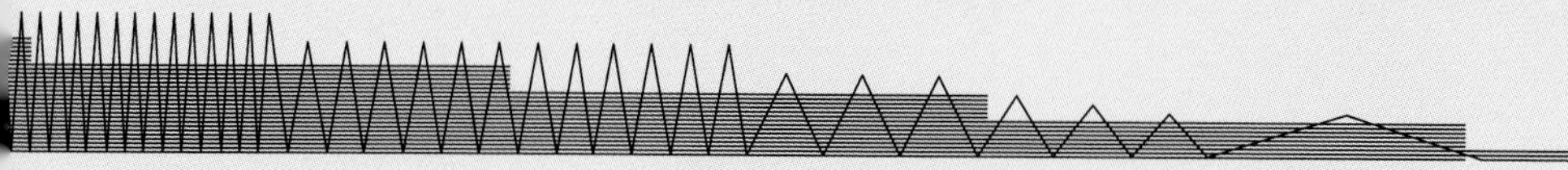

信息查找

设计

- 服装联盟的材料评定
  <www.apparelcoalition.org/msi/>
- 耐克环保设计工具
  <www.nikebiz.com/responsibility/nikeenvironmentaldesigntool>
- 奥卡狄恩·霍林斯的纺织服装生命周期评价回顾
  <www.oakdenehollins.co.uk/textiles-clothing.php>
- WRAP UK 的可持续服装活动计划
  <www.wrap.org.uk/content/sustainable-clothing-action-plan-1>

生产

- 道德时装论坛
  <www.ethicalfashionforum.com/the-issues>
- 公平服装基金会
  <www.fairwear.org/22/about/>
- 来自服装清洗活动的资源
  <www.cleanclothes.org/resources>
- 来自道德贸易行动的资源
  <www.ethicaltrade.org/resources>
- 纺织服装：来自公司和行业及欧洲委员会的环境问题
  <http://ec.europa.eu/enterprise/sectors/textiles/enviroment/index_en.htm>

分配

- 英国碳基金会
  <www.carbontrust.com>
- 作用于二氧化碳的碳排放计算器
  <http://carboncalculator.direct.gov.uk/index.html>
- 来自美国环境保护社的温室气体排放
  <www.epa.gov/climatechange/ghgemissions/>

使用

- 来自具有社会责任感的公司所绘的服装行业生命周期内的碳示意图
  <www.bsr.org/en/our-insights/report-view/apparel-industry-life-cycle-carbon-mapping>
- 可持续性服装路线图：来自英国 DEFRA（英国环境、食品及农村事务部）的服装清洗减少对环境的负面影响
  <http://randd.defra.gov.uk/default.aspx?Menu=Menu&Module=More&Location=None&Completed+0&ProjectID=16094>

终止

- 来自英国乐施会的有关发展中国家的二手服装贸易的影响
  <http://policy-practice.oxfam.org.uk/publications/the-impact-of-the-second-hand-clothing-trade-on-developing-countries-112464>
- 来自美国环境保护社的纺织污染
  <www.epa.gov/osw/conserve/materials/textiles.htm>
- 英国的 WRAP（废品与资源行动计划组织）
  <www.wrap.org.uk/category/materials-and-products/textiles>

这章以设计阶段为起点，探寻服装生命周期各阶段对环境及社会的负面影响。一般来说，设计师是根据事先拟定的设计摘要进行服装创作，为满足消费者及市场需求，其设计简要概述了相关专业标准。但是为了进行系列产品的设计及制作，设计师将有必要确认和寻求广泛的资源及服务。这章将激励你去思考设计服装的方法，以及考虑在产品制造时所使用的技术和加工方法。

“我希望人们能够认识到有机棉与常规棉一样具有良好的外观和手感，但是对棉花种植农民和他们的家庭来说是完全不同的。”

——Katharine Hamnett（凯瑟琳·哈姆雷特）

图 3-1 | Lilia Yip“剩余”上衣 秋冬 2012/2013

位于英国布莱顿的新加坡设计师 Lilia Yip 利用 2011/2012 年系列作品的所剩面料作为 2012/2013 年秋冬系列作品“一件褶皱天丝上衣”的边缘装饰。

图 3-1

当你发现在设计和生产过程中一些负面影响得到减少时，会觉得自己充满信心，但却很难把握服装在使用和处理阶段是如何产生负面影响的。因此，如果你能更好地了解购买和使用服装的消费群体，能更好地将可持续发展的知识运用到你的设计环节，那么你就能够追踪服装在使用和处理阶段如何产生负面影响这一问题。

当你在收集市场及流行趋势的信息时，还可以收集一些有关着装者是如何管理和处理服装的信息。获得这些信息可能会有很多种途径，比如从联系购买服装的消费者开始收集信息。当你获取消费者在使用和处理阶段的习惯方式等信息后，可以综合所有的信息并融入设计解决方案，这将会引导你的设计在环境和社会的影响方面为消费者进行产品改进。

图 3-2

图 3-3

产品的闭环系统

产品的闭环系统为即将终止使用的产品材料的重复利用提供了机会。这些材料可当堆肥使用或重新回收成为新产品，这种新产品通常来说与原始产品是属于同一品种。

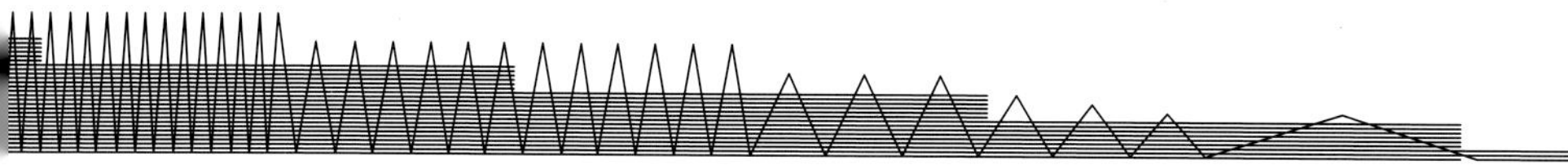

以设计为主导的方法

当你了解了着装者是如何使用和保存你所设计的服装后，你就可以开始思考以设计为主导的解决这些特殊问题的方法。例如，作为“慢时尚”的服装设计更强调服装的耐用性，这将起到一些特定的作用，可以激励着装者正确地使用服装。你可以采用一些策略去达到这一目标，例如，设计具有多功能、可转换、高度耐用、适用年龄范围大、有不同穿着效果等的服装。

然而，你也可以选择探索新的方法来挑战慢时尚的概念，以此替代对快时尚技术和体系的利用。在这里，你可以选择使用生产和发展的闭环系统，例如，在终止使用时服装能够完全回收或处理为肥料。

图 3-4

图 3–2 | Anna Ruohonen 的多功能上衣

在巴黎的芬兰设计师 Anna Ruohonen 根据着装者的需求设计了跨季节的服装，这避免了生产过剩的浪费。

图 3–3 | Fake Natoo 的再造衣银行 –1 系列产品

中国时尚品牌 Fake Natoo 项目创始人之一张娜利用再造衣银行收集的纺织废料重新设计和制作的离奇而独特的服装。

图 3–4 | Lilia Yip 的“一杯茶的连衣裙”

Lilia Yip 利用数码打印技术设计女装，使着装者将服装作为情感而耐用的物品进行收集和保留。

你的服装如何被使用

无论是多功能性的服装还是将处于合理回收体系的服装，以设计为主导的成功方法都取决于穿着者在使用环节中如何穿着和保存它。无论你采用哪种设计主导方法，着装者能否遵从被认为是成功的关键。理解了穿着者与服装的关系，对设计决策而言至关重要。

图 3-5

图 3–5 和图 3–6 | Cherelle Abrams 的“狭槽 + 折痕”系列作品

Cherelle Abrams 在硕士毕业设计系列作品中，通过运用不同的拆分和重新连接方法探讨了混搭设计理念。

图 3–7 | Alice Payne 的两面穿用“收缩与展开的长外套”

这件外套由许多可调整的衣片构成，这些衣片可根据不同的穿着者进行调整。激光切孔可以使穿着者对衣片随意进行添加或拆除。

图 3-6

图 3-7

通过鼓励穿着者与服装之间产生情感的共鸣，着装者更喜爱去保养和珍惜，并保留至无法使用为止，从而减少消费所带来的负面影响。但同时，设计师通过服装为着装者提供感情线索，以及将这种情感的洞察力带入设计过程，这些对设计师来说是绝对必要的。为共鸣而设计，需要设计师倾听与设计密切相关的诉求，并将以人为本的设计理念作为设计的重点。

首先，最重要的一点是要考虑人们为什么会保留服装而不是其他的物品。虽然许多研究者和设计师正在探索这一问题，显而易见，靠单一的解决方法是得不到答案的，现在的服装行业需要更多的技术和反馈。这是因为穿着者与服装之间有着情感的关联，因此，设计师通常运用一些方法来刺激着装者的情感反应。例如，通过揭示服装的来历，或获取创作者的相貌，或提供服装前主人的历史信息等方式，给着装者呈现一个故事性情景和内涵来产生共鸣。

如果着装者感知到一件服装的独特性，他们与服装的关系可能得到延伸，因为这件服装已经是个性化的，或者是永恒的，再或者是演化过的。例如，一件服装可根据不同穿着方式而进行调整，或者通过简单或复杂的转变过程，每次给着装者提供两到三个穿着方案。或者可以建立一个设计师和着装者有着直接联系的平台，采用协同的设计方法将着装者的需求转化为独特而个性化的服装。

图 3-8

图 3-9

图 3-8 和图 3-9 | 帕查库提（Pachacuti）的溯源供应链

作为地理公平贸易项目的一部分，帕查库提正在为生产者和消费者建立一个信任的平台而努力，运用 QR 二维码技术为生产商和消费者提供可持续性原料来源的供应链信息。这使消费者可以追溯到服装生产者及纺织工的信息。

图 3-10 | Beate Godager 的白色系列作品，秋冬 2012

位于丹麦的设计师 Beate Godager 从概念化的艺术绘画作品当中获取灵感，通过解构和裁剪设计了这些时装作品。她的设计作品简约而不过时。

图 3-10

名字：拉链针织衫
艺术：NO: BG005

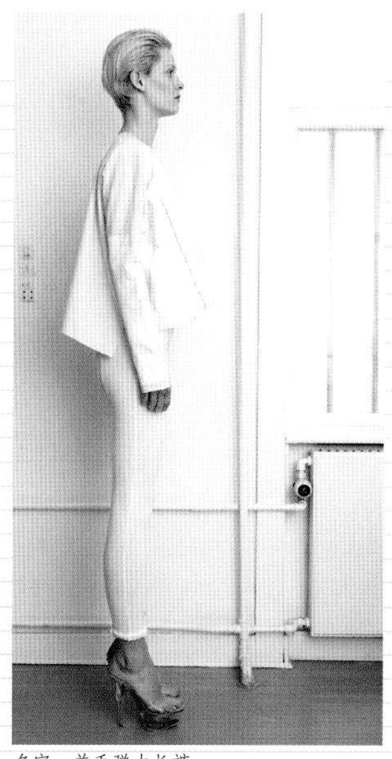

名字：羊毛弹力长裤
艺术：NO: BG008

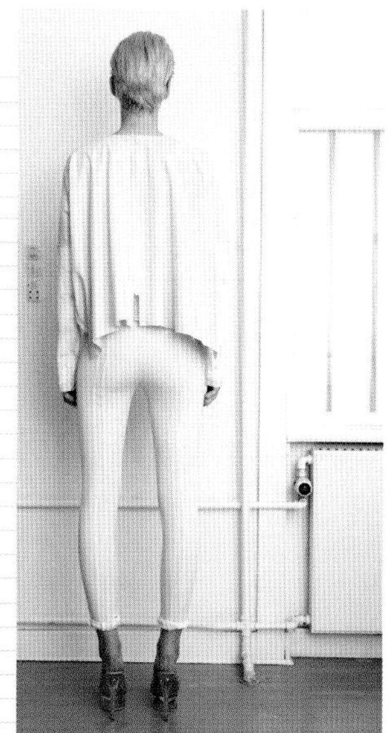

为共鸣而设计

你的任务是观察不同穿着者与服装的互动情况。你也可以穿着者的视角来表演和体验你所设计的服装。可以通过多种途径来获取信息，例如，照片、视频、问卷调查、小组议题或者使用日记等。IDEO（全球顶尖的设计咨询公司）的“以人为本的工具箱”提供了有关以人为本的设计方法和途径，这可为设计师们进行参考。(参考 <www.hcdconnect.org>)

分析和反思你所收集到的信息。你从中获悉到什么？如何将你的研究带入你的服装理念？运用头脑风暴法获取此问题的解决方案。

然后，通过研究开发版型、制作样衣。不断试验，然后对结果进行汇总分析。你的设计是否使消费者产生了共鸣？能否通过穿着者的着装参与证实这种共鸣的存在？

图 3-11 | Tara Baoth Mooney 的手提袋项目

Tara Baoth Mooney 戴上这件充满情感的纺织物品配饰，不禁将人拉进回忆。这件手提袋是妈妈传给女儿的一件珍藏礼物，Baoth Mooney 将它重新设计成可穿性的、多功能的、意义深远的物品。

图 3-12 和 图 3-13 | Eunjeong Jeon 以用户为中心的试验

这些来自设计师和学者 Eunjeong Jeon 舒适而又可变色闪光的部件，是通过以用户为中心试验而成。

图 3-11

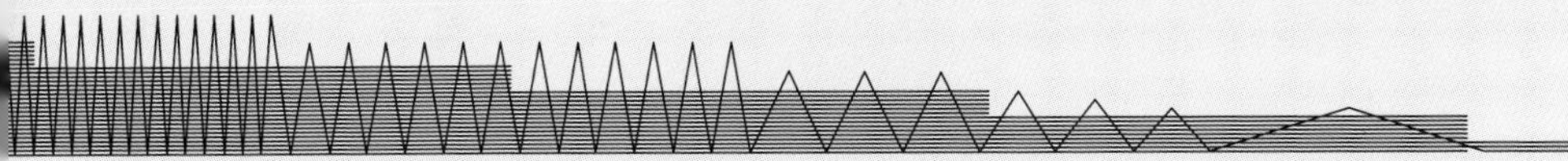

图 3-12

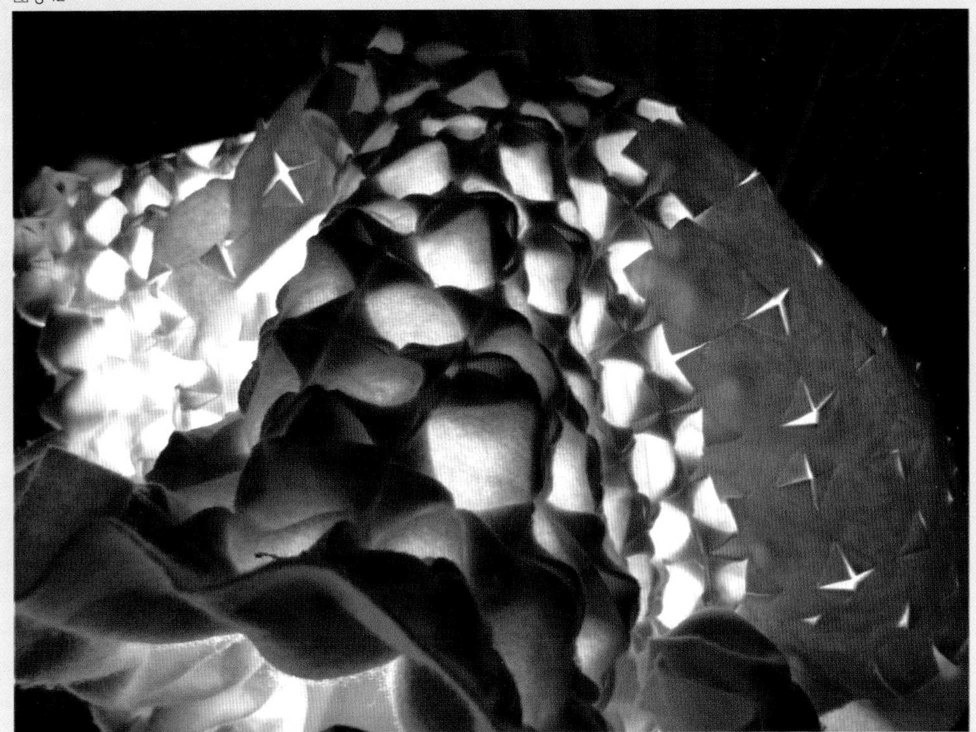

图 3-13

对一些服装设计师来说，系列作品的创造应该始于织物和纺织技术。织物的选择通常会注重它的重量、质地、悬垂感和手感，以及它的美感和价格。但是，涉及材料及纺织技术方面对环境及社会的负面影响正逐渐被人们认为越来越重要。

之前已经阐述，一旦织物生产进入了服装环节，大量的环境及道德的负面影响是由从原料纤维到织物，至使用和处理的过程时产生的。服装因其产生的负面影响而变得复杂，尤其涉及织物的生产操作及性能提高等方面，如像整理、表面处理和装饰技术等。

图 3-14

图 3–14 | **来自 Maison Martin Margiela 的 2012 年秋冬手工系列作品**

来自 Maison Martin Margiela 系列作品通常是利用回收的服装以及废弃物品构造的，这一系列是她使用带有花边装饰的过时棒球手套进行混搭设计而成。

纤维和织物

不管纤维的类型如何，也不论是在生产环节中使用的大量石油化工产品（如聚酯材料）还是在服装洗涤使用环节中的能源及水的消耗（如棉），大多材料在服装生命周期的某个环节点都会引发一些负面影响。大量的研究和生命周期的评估中已经对不同的纤维种类进行了规范引导，如棉和聚酯纤维，而且概括了每种纤维将带来的负面影响情况，并为之提供了大量指导和资源信息。当你开始采购和进行织物选择时，掌握这些指导和资源信息是非常有用的。例如，可以选择有机或可再生的原材料，也可以选择按照公平贸易惯例种植或加工的织物，然而，纺织新技术的发展能够制造出更多污染较低、可回收或可生物降解的材料。

图 3-15

图 3-15 | Amy Ward 天然染色的短裤和有机棉的衬衫，2012 年

应届毕业生 Amy Ward 将有机纤维和天然技术利用至她的系列作品中。Ward 从废弃的食物中获取蔬菜并提取染色，同时使用了有机、公平贸易及环保的纱线和织物。

纺织加工

纤维和织物可以通过类似编织、刺绣、数码和丝网印刷的技术方法获得不同效果，以及运用黏合、涂层等整理加工技术也能获得不同效果。在服装生命周期某个节点所使用的技术都会给服装带来某些负面影响，而且在你准备工作时有必要去了解这些问题。例如，许多类似漂白、染色等纺织处理方法，传统意义上来说都涉及化学物品的使用，但是随着新技术的发展，一些加工方法能够使这种影响降低或达到最小化，织物可以通过低污染的方法进行染色和加工，或者是使用天然方法染色，或者使用天然特征的纤维替代品。

图 3-16

图 3-17

图 3-16 | Jan Knibbs 的“旅行马戏夹克”

刺绣工 Jan Knibbs 将废弃的织物混合利用至她的作品中，并运用贴布工艺装饰现有的服装。

图 3-17 和 图 3-18 | Alabama Chanin（阿拉巴马查宁）的手工缝制的衣服

着眼于可持续发展的原则和慢时尚运动，设计师 Natalie Chanin 在美国佛罗伦萨地区阿拉巴马州创立了她的时装品牌——阿拉巴马查宁。当地的手工艺人利用再生的有机材料和传统的手工技艺生产手工产品。

图 3-18

图 3-19

图 3-20

采购和选择

在设计阶段，需要进行织物、辅料的挑选，在制造阶段需要运对加工方法和服务类别进行改造，你将不得不根据这些交易情况来作出决定，这意味着你所选择的设计方案将会对环境和社会产生最小的负面影响。然而，这只能从大局去得到理解，也就是说，在你所设计服装的整个生命周期里，你可以尝试去减少一些负面影响。但是，你仍然可以通过一些工具和资源获得帮助。采购部门能从一些行业杂志上专家所提供的研究中受益，如英国的生态纺织新闻杂志报道了有关新纤维开发、去污技术、更有效的染色和打印技术及隐形追踪和标志制度等的研究进展。许多纺织专家和纱线供应商、道德商家和行业组织在采购方面也能提供帮助。

有机棉

有机服装和纺织品是经过从田地至制造的整个过程对环保工艺的利用而产生的。在时装行业中，全球有机纺织品标准（简称GOTS）或英国的土壤协会与设计师和服装公司合作，一起协助支持和监督可持续时装的实行标准。

图 3-21

公平贸易组织认证的织物

公平贸易旨在扶持农村或欠发达地区人们的生活，为当地人们所提供的物品和服务支付合理的价格，而所获利润又再投资回当地社区。当消费者在棉花上看到这个公平贸易的标志时，这意味着发展中国家的农民以合理的价格出售了他们种植的棉花。牢记这个公平贸易组织的专业认证标志是很重要的，但是该认证尚不覆盖服装制造的全部过程。

图 3-19 | **Julika 的系列作品，2011 年春夏**

位于冰岛的针织服装品牌 Julika，运用经过公平贸易认证过的材料制作成奢华的针织衫。

图 3-20 | **米兰的 C.L.A.S.S 展示厅**

在米兰、伦敦、赫尔辛基、马德里的 C.L.A.S.S（即创造性的生活方式和可持续的增效）展厅，都设有一个生态馆。在这些博物馆能看到最新生态环保织物和纱线，同时也能获得有关如何或哪儿能够采购到这些材料和服务的信息。

图 3-21 | **公平贸易组织认证的棉标志**

公平贸易组织认证的棉标志是正式注册的独立认证标签。这个棉认证标签意味着欠发达地区农民以合理和稳定的价格出售了他们种植的棉花，而且还获得了公平贸易额外的奖金，他们利用这些资金去投资生意，为当地社区创造了一个可持续性的未来。

在处理的环节，有很多方法可以帮助处理垃圾堆中的废弃服装和纺织品。例如将服装材料回收后经过切碎等处理获得新的材料，这些新材料常常运用在类似抹布、填充料等国内工业用品中。这对废物利用来说虽然是一个有效的方法，但是也存在一些难题。例如，有些纺织废料被认为具有非可持续性的纤维、表面处理和配件而不被人接受。因此，在处理环节中材料真正的回收价值被得到减弱或降级。

在服装的生产过程中通过利用未污染过的单纤维织物，使之能更成功地进行回收。当使用单纤维材料时，你也可以通过类似激光切割、针刺法等装饰工艺进行实践，这些细节装饰工艺对纤维不会造成污染。通过这种实践使你能够参与试验各种各样的加工工艺方法，这些工艺方法能够使单纤维材料在不改变其成分的前提下改善了外观美感。

此外，在进行服装设计时，材料的部分构件很容易被分开，尤其有些部件会与其他材料进行重新构造，这将进一步增加材料的回收机会。被分解的材料部件或者在新产品制造中进行回收并形成闭环系统进行生产，或做成堆肥。

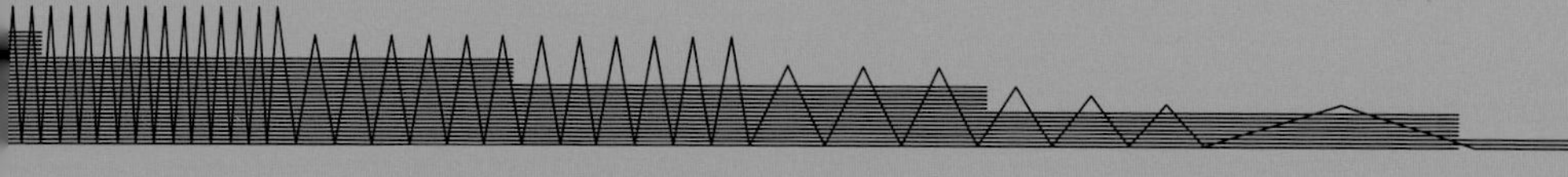

图 3-22

图 3-23

图 3-24

图 3-22 | Ainokinen 手工编织的服装

芬兰的服装品牌 Ainokinen 从自然植物中提取染料给当地羊毛进行染色并制作成针织服装。

图 3-23 和图 3-24 | Reinfinity, Anne Noodegraaf 和 More Tea Vicar 的可移除印花

荷兰研究学者 Fioen van Balgooi 研发了一种可移除的纺织印花工艺。当墨从织物上分离后，织物就能进行回收或重印。

单材料的使用

综合构成的纤维进行闭环系统的生产通常会获得成功，这是因为原纤维和经过大批量制造的副产品在品质上相对一样，但目前不是所有的纤维都能实现。例如，羊毛常常需要与新生态纤维融合并保留其品质才能进行回收。然而，当回收技术和制造商与回收商之间的关系得到改善时，回收就会开始变得丰富多样。

图 3-25

图 3-26

图 3-27

图 3-30 | Tao Kurihara 的"027 风格"纸服装，2007 年

纸张替代面料能够设计成一次性使用并可回收的时装款式。这件纸服装来源于 Tao Kurihara 在东京服饰博物馆展示的系列作品"Comme des Garcons"。

图 3-28

图 3-29

图 3-23~3-29 | Dr Kate Goldsworthy 的"单纤维材料的整理加工"计划，2008~2010 年

Dr Kate Goldsworthy 为改善聚酯纤维面料的美观度研发了有关整理加工的技术，旨在将面料保存为单纤维织物以使其不被污染而利于回收。

安妮卡·明德·温德尔伯

图 3-31

图 3-32

图 3-33

瑞典时装设计师安妮卡·明德·温德尔伯（Annika Matilda Wendelboe）在2007年建立了自己的时装品牌，生产既多功能又不过时的可持续服装。她是首次运用“摇篮至摇篮”认证的CM材料的设计师之一，这些材料使服装在处理环节上能够作为安全的堆肥使用或者置入闭环系统中生产。

图 3-31 | **安妮卡·明德·温德尔伯**

图 3-32~ 图 3-34 | **安妮卡·明德·温德尔伯设计的多功能服装**

温德尔伯设计的许多服装具有多种穿着方式。她擅长运用创新的解构及立裁方法进行设计，例如，她设计的领子既可以当作围巾也可当作头巾来使用。

首先，是什么启发你将可持续性纳入时装系列作品的？

我喜欢创造时装，但是造成的浪费到了极点，对地球和人类资源的开采使我对自己的工作感到很惭愧，当我知道我的产品正远离这种开采时心里感觉好多了。

为了满足环境和道德方面的目标，您是如何改变设计和生产过程的？

因为热切期待完美的世界拥有真正的优良材料，所以计划制造一些持久性的产品。当然，拥有高品质的织物你也能做出多功能的设计，如将一件夹克改造成连衣裙或裙子等。在你厌倦设计之前还有很长的路要走。

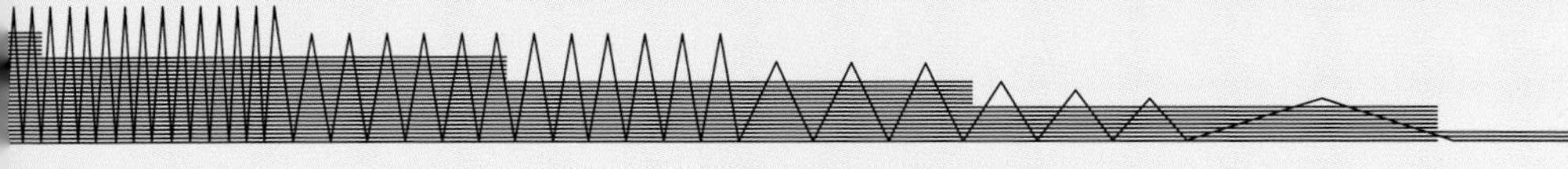

图 3-34

安妮卡·明德·温德尔伯

将可持续性概念纳入你的服装系列时有没有遇到什么挑战？

人们对有益健康的织物选择仍然很有限（像我这样的生产者很少），这意味着在设计过程中存在挑战。"摇篮至摇篮"织物系列作品运用家具垫衬物进行设计，这些织物没有 C2C（即 Consumer to Consumer，指个人与个人之间的电子商务）认证的拉链和扣子，因此，我不得不想办法去解决这样的问题。

下一个的系列作品您将要探究的是哪些方面？

我非常高兴我能找到方法去出租这些时装，而且找到各种各样处理材料的方法，这样当消费者使用完后服装就可以归还进行处理。这些是我正在研究的课题。

你是否有些窍门或建议给也想设计可持续服装系列作品的本专业学生？

通过互联网或与其他人进行合作分享信息，这样可以使你获得更多的知识。如果获得最少量的信息所需要很高费用的话，可以与其他设计师进行合买。对我来说，这是快乐和力量的源泉，因为我知道我正在努力做得更好而不是更差。

<www.matildawendelboe.se>

"从摇篮至摇篮"CM 认证 是一个带有 MBDC，LLC（McDonough Braungart Design chemistry，Limited Liability Company，麦克当那勃朗冈特化学设计有限责任公司）标志的证书。

"Cradle to Cradle CertifiedCM" 认证正是世界目前最忠于环保的最高荣誉认证。其认证必须透过全方位来衡量整个产品生命周期，包括厂商能源使用状况、天然资源、有毒物质、回收情况以及社会责任。

<www.c2ccertified.org/>

图 3-35

图 3-35 和图 3-36 | Annika Matilda Wendelboe 经过 C2C 认证的服装

Wendelboe 将有机的且经过 C2C 认证 CM 材料使用至她所有的系列服装作品中，这些服装都是在瑞典进行缝制的。消费者也能够在她的网页上找到相关服装保养的说明。

图 3-36

服装生产方式很大程度上取决于服装生产企业和销售市场的规模，但是一些小规模的本土设计师品牌和国际知名的服装品牌在生产环节上或多或少都有一些相似性。本章重点关注生产中的两个环节：服装板型缝制和服装结构。尽管这些环节还存在一些问题，本章就这些问题提出了一些改进的方法。

节省和保护服装面料、劳动力和时间是我的部分设计决策。我的作品没有持续的浪费，这点很重要，在设计中需将经济因素考虑进去，服装面料的幅宽和裁剪的合理布局可以减少浪费。

——Yeohlee Teng 的创始人。

4

图 4-1 | Vivienne Westwood 和肯尼亚的生产者合作设计的非洲道德时装系列作品。

Vivienne Westwood 的非洲道德时装系列中的包都是由肯尼亚内罗毕的边缘社区的妇女利用回收的材料手工制作的。通过国际贸易中心和非洲道德时装倡议活动合作，Vivienne Westwood 为公司不断提供高品质产品的社会低下的妇女提供支持。

图 4-1

服装样板制作是生产过程中真正赋予设计于生命的阶段。在这个阶段中，服装最后的效果是由适当的服装结构方法、服装面料以及劳动力的需求决定的，但是同时也会产生一些消极的影响。

服装设计和生产过程涉及一系列通用的环节，服装效果图、服装纸样起草与绘制、裁剪标记、服装样衣制作，以及为最终的销售选择最好的设计进行批量生产。在这些所有的环节中，寻找更好的材料与资源以便能更广泛、有效的被利用，这点对你来说十分重要。需要设计师自己去识别服装生产过程中产生的各种浪费，然后查找所做的决策是否存在其他可能会对服装产生的影响。

图 4-2

图 4-2、图 4-3 | North Face 零浪费项目，2010

男装设计师大卫·特尔佛（David Telfer）发现了一系列的方法能够更有效地解决服装样板面料浪费问题。2010 年，David Telfer 与 North Face 及纺织环境设计组织（TED）合作的零浪费项目。

图 4-3

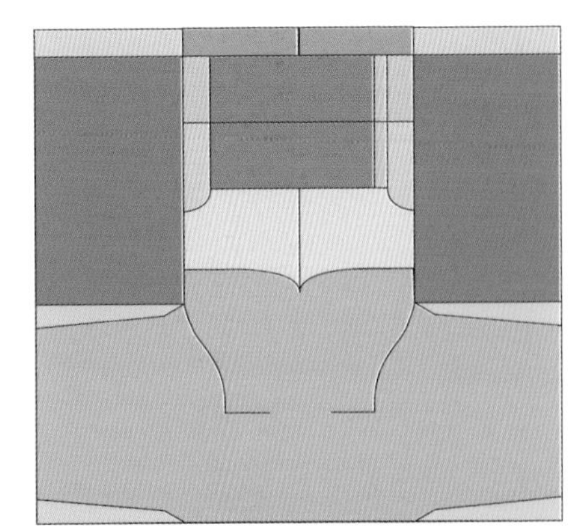

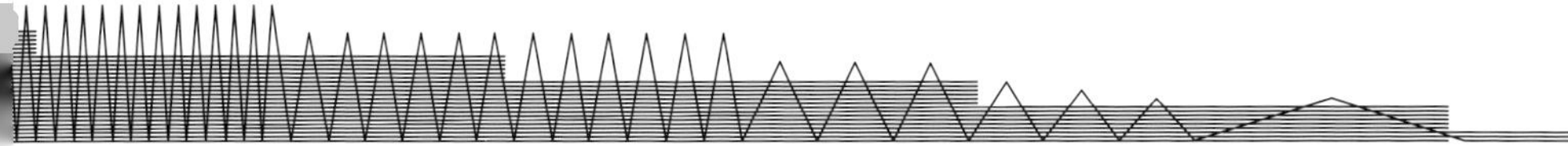

减少纺织品的浪费

服装生产中最大的问题是不必要面料浪费。在服装裁剪、缝制、后整理（CMT）过程中，15% 以上的浪费是由于不合理的服装板型造成的。传统的服装制板方法将服装板型分成若干个小纸样放置在裁床上进行裁剪，很难有效地保证服装面料的利用率，同时也造成了制造过程中的浪费。即使使用计算机辅助设计（CAD）软件利用最有效的方法设计与排料，浪费也是不可避免的。

然而，在平时的操作中你可以通过寻找一些经常被自己忽视的服装面料来减少浪费，例如，在实际操作中不一定每次都需要用到好几种棉质印花面料来实现你的设计想法，可以尝试重复地使用同一种面料进行设计。通过零浪费方法的探索使这些看似细小的改变却可以很明显地减少或避免服装面料的浪费（参考第 80~83 页）。

图 4-4

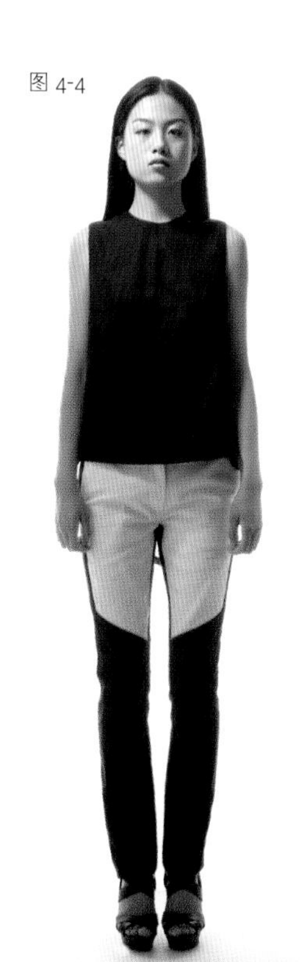

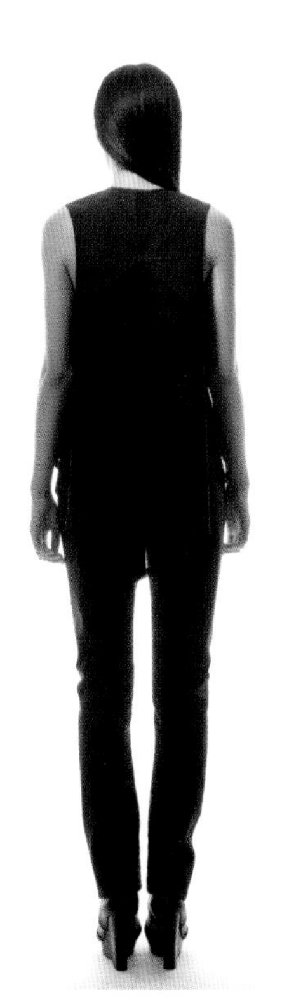

图 4-4 | Titania Inglis 宽松的上衣与双色裤子

2012 年 ECCO DOMANI 时尚基金奖颁给了持有可持续设计理念的纽约设计师 Titania Inglis，他提出创新的服装板型方法使服装更加生动、简洁，更具可穿性。

裁剪、缝制和后整理（CMT）

外部公司利用供应材料来制作服装的整个过程。

服装裁剪中的技术创新

通过创新的服装板型技术来提高服装产品的质量以达到延长服装生命周期的目的。例如，一件多功能服装能够使穿着者将一件简单的服装呈现出多种外观造型。一件多功能型服装从一种造型转化为另一种造型时，需要对其进行合理改造以使其能穿着合体。要做到这一点，服装设计师与制板师需要很好地理解多功能服装的使用性能，要求他们对多功能服装做一定的尝试与实验，以便积累更加成熟的方法去设计与生产。

另外，一件服装可以设计成适合不同体型的人穿着，变成多尺度的造型，这需要设计师和制板师对人体有很好的理解，以便在设计与制板过程中能够调整服装的造型来满足不同体型的穿着需求。

领会这种设计理念非常重要，款式设计及板型制作阶段可以被认为是关联度十分高的环节，而不仅仅只是按照传统的服装制作方法那样将款式设计作为是纸样设计的前期阶段（线性过程），款式设计与板型制作的互换与综合考虑为我们提供了一个很好的解决生产中碰到的各类问题的机会。此外，如果你不把款式设计当作是服装设计中的一个固定的阶段，而是与纸样设计等综合考虑，那么设计过程中就可能会出现一些新奇的方案。

图 4-5

图 4–5 | Daniela Pais 设计的元素夏季系列作品

Daniela Pais 从埃因霍温设计学院研究生毕业后创立的元素品牌，这组作品共有 9 个裁片组成，适合多种体型的人穿着。

图 4-6

图 4–6 | Janice Egerton 和 Dino Soteriou 设计的数码印花羊毛夹克

Janice Egerton 和 Dino Soteriou 采用简单几何图形作为服装轮廓，并利用数码印花技术设计的多功能服装。

图 4-7

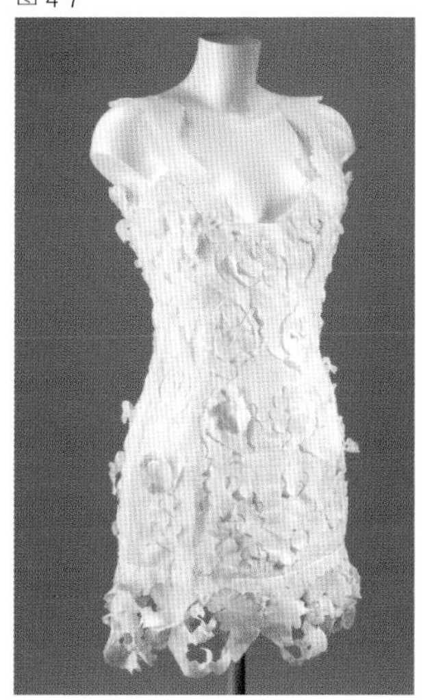

图 4-8

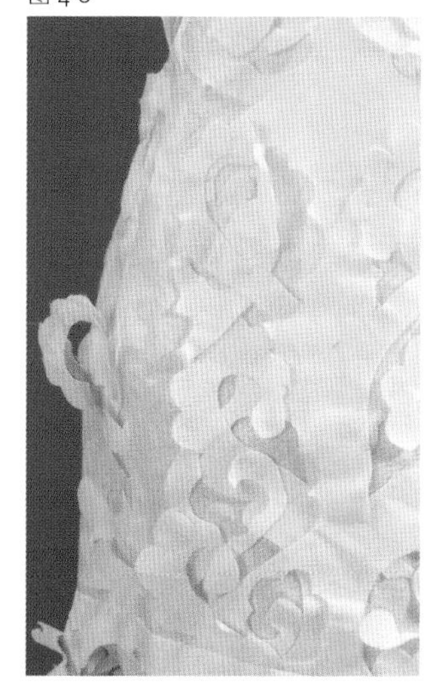

图 4–7 | Mark Liu 的零浪费连衣裙设计

澳大利亚设计师和研究者 Mark Liu 在服装裁片被切割之前使用激光裁剪技术对服装的边缘进行处理。

零浪费技术

人类早期的服装生产中，纸样设计有效地减少了服装面料浪费。受技术与经济因素的影响，古代服装面料的价格普遍比较贵，因此古希腊的希顿服装和日本的和服都采用简单的线条使服装面料在裁剪过程中尽可能地减少浪费。然而，随着时装越来越贴合人体，服装的裁片形状也被改变以便能够满足合体性的需求，直线与弧线技术的应用使得服装纸样之间在裁剪的过程中不再贴合的那么紧密。这种技术的使用有积极的一面也有消极的一面，消极的一面是在裁剪中会产生多余的废料，造成浪费。

在开始阶段，古代服装的结构很有帮助，你可以参考这些方法减少服装面料的浪费。同时将会进一步引导你去做更加复杂的服装外轮廓与款式设计，其中的一部分服装需要进行塑型。

尽管纺织品的浪费存在于服装生命周期的各个环节中，但是在服装纸样制作与裁剪过程中利用零浪费技术尽可能地减少面料的浪费是可能的。为了达到减少服装面料浪费的目的，服装设计师与制板师需要能够熟练地在三维服装造型与二维的纸样中互相转化、互相结合着去思考问题。

然而这种概念在产业中被更深层次地进行探索，传统的制板方法，例如立体裁剪，普遍运用于高级时装，常将一整块服装面料覆盖在人体模型上做服装造型。服装面料通过一系列的分割、褶裥与省道处理做出服装造型，不需剪掉太多的服装面料，这种方法经常在麦德林·维奥涅特（MadeleineVionnet）的服装设计中体现得较为明显。

图 4-9

图 4-10

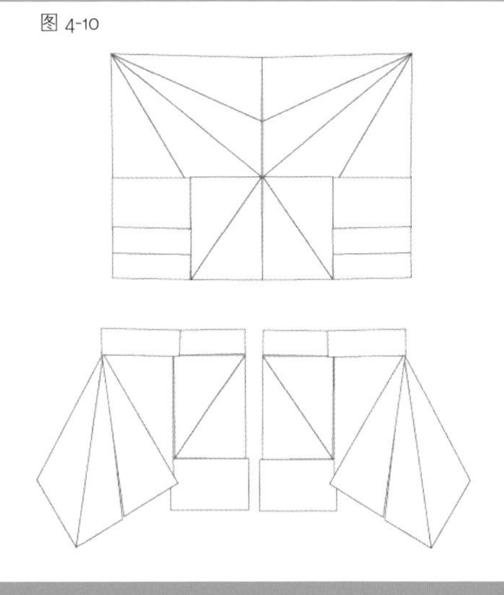

图 4-9 和图 4-10 | **大卫·安德森 (David Andersen) 零浪费服装板型及服装**

图 4-11

图 4-12

图 4–11 | Fiona Mills 的零浪费服装

诺丁汉特伦特大学硕士毕业生 Fiona Mills 采用零浪费技术进行设计和制板，作品将一整块服装面料制成几何造型的服装。

图 4–12 | 19 世纪中叶的日本和服

方形的服装裁片在 19 世纪中叶日本的和服制作中经常采用。

零浪费技术

除了在纸样的制作过程中消除或者减少服装面料浪费的机会，服装结构上的技术创新也能够使服装生产者探索零浪费技术。这种技术方法要求直接获得生产制作服装所需要的裁片，而不是通过裁剪的方式去得到服装裁片。很多服装设计师已经开始探索一种将服装裁片按照正确的尺寸和造型直接编织成服装的新技术，这样可以在生产中显著地减少服装面料的浪费。

图 4-13

图 4-13 | Line Sander Johansen 的零浪费项目，2008 年

丹麦科灵设计学校的毕业生 Line Sander Johansen 直接利用在织布机上织出裁片的生产技术制作零浪费服装。

图 4-14

图 4-15

图 4–14 和图 4–15 | Line Sander Johansen 设计的零浪费紫色连衣裙，2008 年

Line Sander Johansen 采用 100% 的机织弹力线制作的零浪费的连衣裙，在二维平面状态下制作的连衣裙穿在模特身上时就呈现为三维的立体状态。

采用几何图形制作服装

利用几何图形制作服装，例如正方形、长方形或者三角形等可减少服装面料的浪费率。本次练习的目的是锻炼你的服装创新设计思维，并利用几何图形设计尽可能地提高服装面料的利用率，现在可以在速写本中开始设计。

首先你选择一个或几个图形作为服装的外轮廓，绘制并剪出两个尺寸不同的模板，这样就有了一大一小的两个形状。

利用剩余的服装面料，在模板旁边绘制并剪出一系列小的图形，确保你剪的小图形比大图形要多。要十分小心尽可能地不要去浪费服装面料，只有当你觉得需要使用的时候才去裁剪。

将裁剪后的服装面料放置在人体模型上看是否能制作出一件上衣或者一条裙子。通过折叠、省道的方式去制作出自己感兴趣的造型，就像折纸一样。你可以从专注于服装某一部件的制作开始，例如袖子或者前片。

尝试着按照以下的方法使用大头针：将需要缝制的大小不同的服装裁片放在一起，在裁片上打剪口以标记其所在位置，将目标形状进行折叠，直至达到目标效果，然后将裁片用大头针拼缝起来，并留出所需缝份。

将裁片编号后从人台上取下，重新别大头针，将操作过程用相机记录下来，并尝试用不同质地、纹理与颜色的服装面料来练习。

图 4-16

图 4–16~ 图 4–21 | 三宅一生（ISSEY MIYAKE）的设计作品，2010 年

这个设计作品是由纺织面料设计师与 Issey Miyake 实验室的服装制板师以及筑波大学的计算机科学家协同创作完成的，他们用回收的涤纶织物结合几何图形的方法进行设计，每款服装都有好几种的穿着方法，图片显示了服装在二维与三维状态下的表现形式。

图 4-18

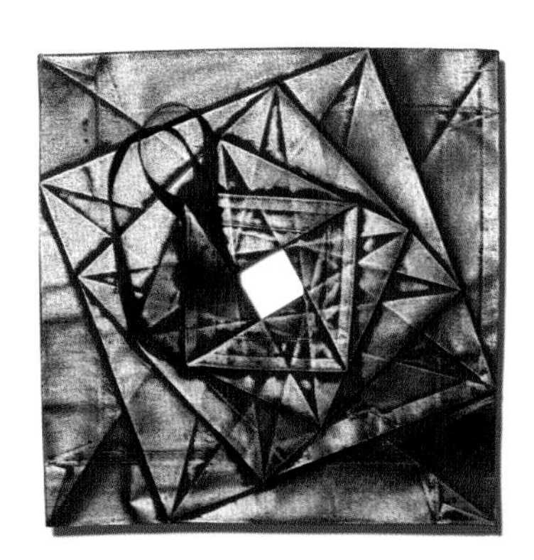

图 4-17

图 4-19

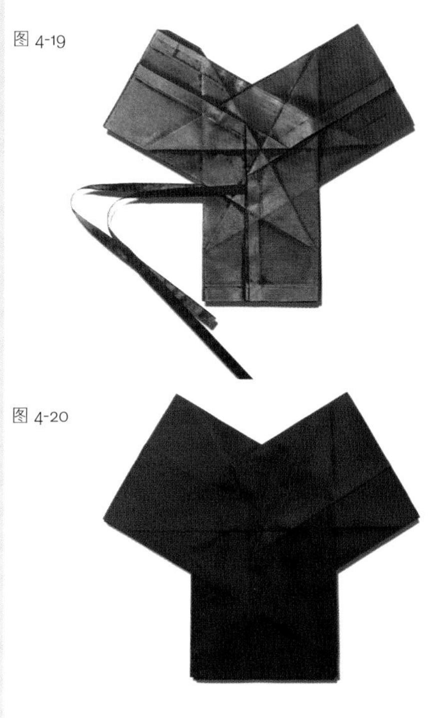

图 4-20

图 4-21

这部分内容主要讲解的是服装结构上技术与方法的创新对服装的生命周期的延长与质量提高之间的影响，从传统与落后的技术到最新的科技来讨论如何减少服装的生产过剩，这部分介绍一些方法来解决服装生产中碰到的一系列问题，后面一章有关分配环节的内容也会有相应的介绍，特别涉及生产中社会责任与公平贸易的实践问题。

图 4-22

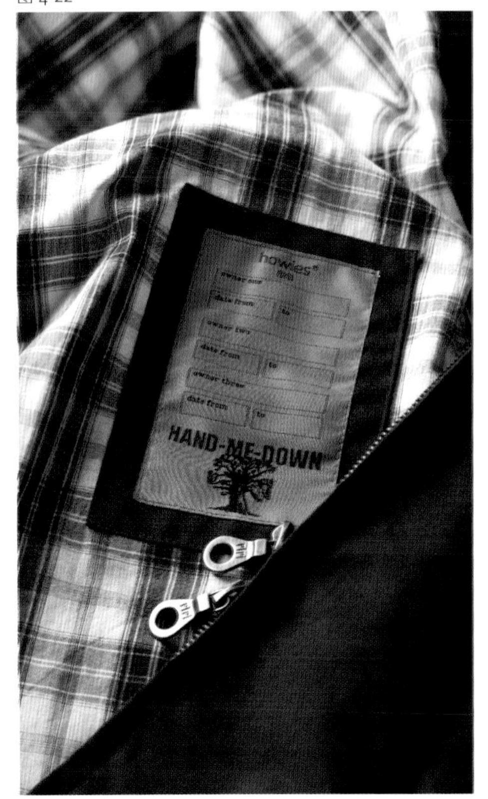

图 4-22 | **豪伊（Howies）的“Hand-Me-Down”系列中的夹克**

豪伊利用高品质服装面料设计的“Hand-Me-Down”系列服装，经过了10年深思熟虑的设计过程，正在探寻纠正目前潜在的设计薄弱点的方法。

图 4-23

图 4-23 | **Rad Hourani 的优捷思（Unisex）#2 设计**

巴黎时装设计师 Rad Hourani 设计的中性、跨季服装。

服装结构设计方法

样衣一旦被确定下来后，就进入下一个生产环节。生产环节中蕴含了很多的技术与方法，如果你在设计过程中就已经考虑了环保与道德的因素，并反映在了服装的结构设计中，这样在服装制作中就会相对容易一点。例如，一件针织服装的生产可以由多个机器剪裁的针织裁片缝制而成，也可以不通过裁片直接将整件服装生产出来。

廉价的服装一般在结构设计方面比较糟糕，导致的结果是服装整体的塑形效果差，与人体的贴合度较低，由于服装面料的质量差，在缝制过程中接缝的牢固度不够，导致在穿着、洗涤过程中有时候会出现撕裂等问题。

使用高质量的面料与生产工艺对延长服装生命周期来说意义重大，使消费者从中受益，在服装定制中使用特殊的服装结构方法可以使服装与消费者的体型更加吻合。

图 4–24 | Allenomis 的银座单元系列服装

设计师 Annalisa Simonella 从建筑中汲取设计灵感创立了 Allenomis 品牌，Simonella 设计的作品突出了一衣多穿的功能性及最新的材料和技术。

服装结构技术上的发展趋势

先进的服装生产技术使生产商生产大量的功能性、合体性、可定制的运动装、户外装等服装。个性化定制服务的概念是将构建横跨多部门协作的新型服装生产方式。服装企业现在开始着眼于提供个性化的定制服务，消费者可以直接从服装生产厂家定制自己的个性化服装，也可以通过论坛与博客等方式参与自己的服装个性化定制设计过程。这使得服装生产变得越来越具有挑战性，服装生产技术必须要适应并支持个性化定制服务。数字化技术，例如快速成型技术，为设计师和消费者提供大量的富有创造力的机会。这种方法将在下一章节进行阐述。

图 4-25

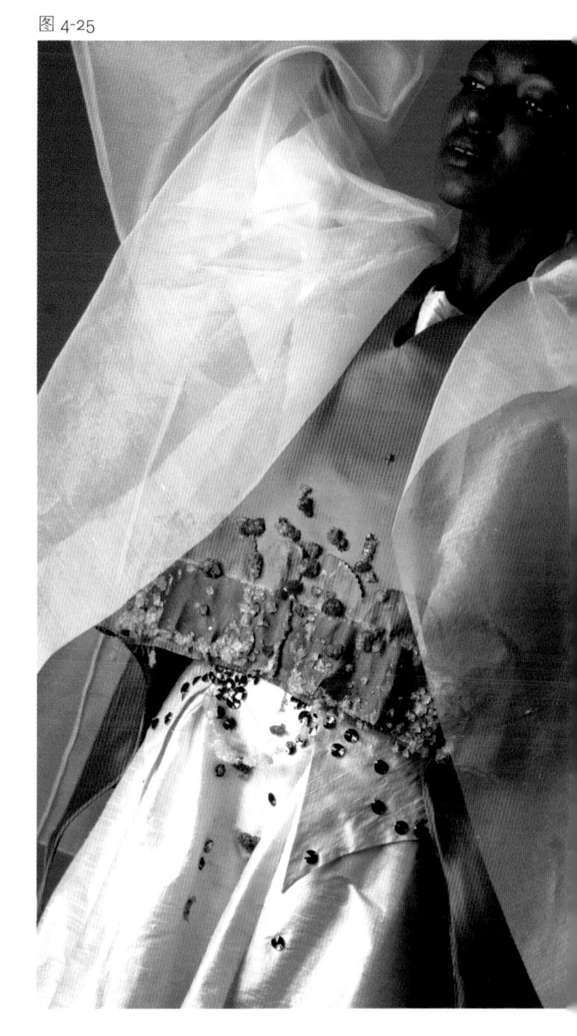

快速成型技术

快速成型技术是一种利用服装 CAD 与 3D 打印等技术在人体模型上将服装直接设计并打印出来的一种技术。

图 4-25 和图 4-26 | Naomi Bailey-cooper 的水晶系列服装

慢时尚概念可能会涉及解决服装老化的问题。来自毕业生 Naomi Bailey-cooper 的水晶系列服装中装饰的水晶构造在服装里面得到生长，随着时间的推移这系列服装就会发生变化。第 6 章在服装老化设计方面有更深入地讨论。

图 4-26

耐久性设计

在大规模服装工业化生产与快速消费模式的刺激下，一种慢时尚文化正在逐渐兴起。慢时尚概念支持满足个人、社团及环境等的真实需求，反对在大规模生产中快速反应的这种时尚概念。设计耐用的服装产品是能推动慢速消费运动的一种方式。

服装产品的耐久性设计必须理解服装的耐用性能体现在哪里。服装耐用性能对不同的人来说有不同的理解，受个人的价值观念的影响非常大，有的消费者认为耐用性存在于定制的西服中，还有人则认为耐用性可以在一条牛仔裤中体现，设计师在设计时需要能够很好地理解消费者对设计产品的耐用性需求，这是非常重要的。尽管服装的耐用性可以通过很多方式获得，多种方法的结合可以延长服装的耐用性能，例如，服装在使用中如果能进行合理地护理与保养就可以长期保存其审美价值。因此。在服装生产过程中使用合适的服装面料与服装结构对增强服装的耐用性能也有很大的帮助。

在高级时装设计中，服装结构上细节的应用和处理与成衣有一定的区别。高级时装中加入了一系列延长服装生命周期的功能饰件，如吸汗垫布的使用可以减少服装面料在袖窿处磨损和撕裂的机会，在服装的缝合部位、面料的边缘加以手工固定以增加服装的牢固度。

20 世纪 50 年代的高级时装的案例显示，在进行服装创作的时候，考虑为以后进行服装的修改做准备是经常性的工作。然而当服装进行改变时，服装面料通常是不能剪裁和移除的。这意味着过了许多年后的某个时间，如当服装需要进行更新和变化时，服装可能会在哪些方面被重新构造。

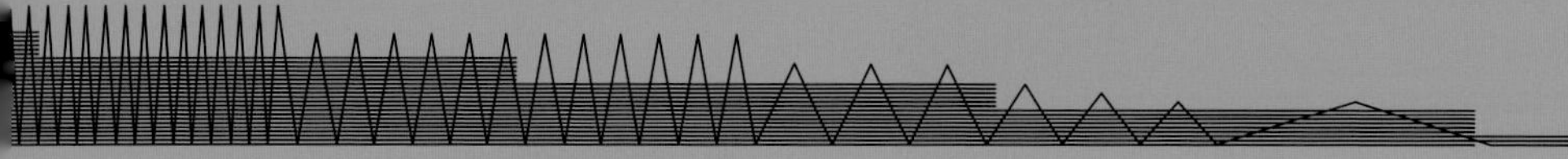

图 4-27

图 4-28

图 4–27 | Marimekko 品牌的经典系列 Kurkistus 连衣裙

Marimekko 品牌下的 Kurkistus 经典系列服装印有复古式的 Nadja 印花，由 100% 的纯棉面料制成，设计师是 Vuokko Eskolin–Nurmesniemi，她个人的服装品牌从 1950 年开始就将这种风格运用至 lloinen takki 的连衣裙中和零钱袋设计中。

图 4–28 | 莉维亚费斯穿着瓦伦蒂诺设计的服装参加 2012 年绿毡挑战项目活动。

在 2012 年绿毡挑战项目活动中，莉维亚费斯穿着中高级时装设计师瓦伦蒂诺设计的丝绸及回收的 PE 塑料制成的礼服。

苏珊·迪马斯

图 4-29

图 4-29 | 苏珊·迪马斯（Susan Dimasi）

图 4-30 | MATERIALBYPROD-UCTSS08

MATERIALBYPRODUCT 标志性的裁剪技术在 SS08 系列中得到很好地展现。

图 4-31 和图 4-32 | MATERIAL-BYPRODUCT 设计过程展示

Materialbyproduct 积极改进高质量服装的生产方式，这需要高超的裁剪和排料等技能。

图 4-30

设计师苏珊·迪马斯（Susan Dimasi）于 2004 年在墨尔本创立了一个澳大利亚的本土服装品牌 MATERIAL-BYPRODUCT，该品牌以精湛的裁剪、排料和缝制技术相结合，其生产的奢侈品服装在国内与国际受到广泛的欢迎。

什么因素激励你去做可持续服装设计?

我想建立一种新的方法，为 21 世纪的服装进行手工艺生产。可持续服装设计是 21 世纪大家都比较关心的一个话题，但是这个概念并不是我创造出来的，而是大势所趋。

你为什么运用零浪费技术进行服装生产?

我做可持续服装设计是源于个人的喜好。它来源于两个方面。第一是我个人非常喜爱不做切割与裁剪的面料，并认为这才是最理想的服装模块化设计的材料。例如我最喜爱的围巾等古代的装饰织物。不做裁剪的面料还可以做成毛毯、窗帘等。

这个爱好跟我的另一个爱好缝制有所冲突，我感觉只要我对服装面料进行了裁剪，它就受到了一定程度的破坏。然后我就按照 MATERIALBYPRODUCT（MBP）的裁剪与缝制方法进行制作，缝合后的服装面料以一种全新的方式组合在一起，几乎可以还原到不做切割的服装面料的样子，MATERIALBYPRODUCT 的缝制技术因此受到了广泛的尊重。

你的设计过程是什么?

将一个设计系统概念化并靠手工制作发展下去，最后形成手工艺品或“时装品牌”。我正在研发一个数字化和机械化的生产系统去创建一种 21 世纪新的服装生产方式，这将会产生两种新的服装产品：限量版服装和大批量生产服装。

图 4-31

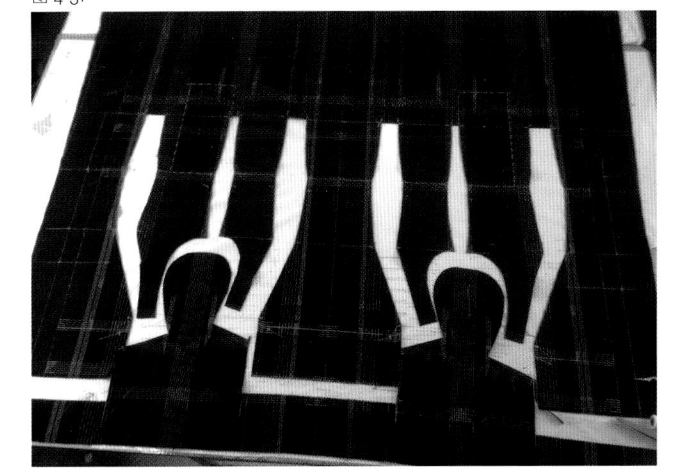

图 4-32

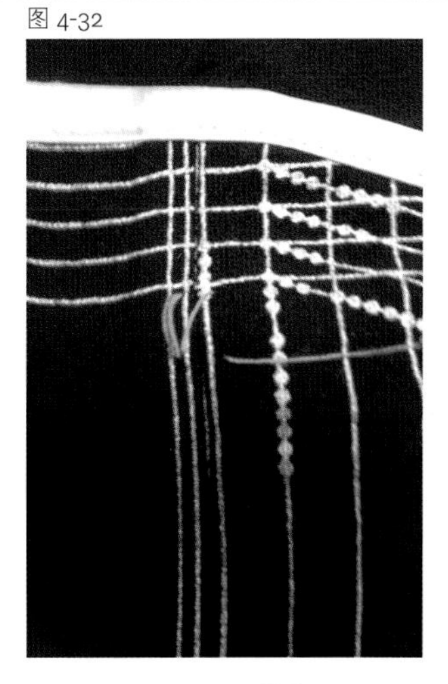

在你将可持续设计理念运用到服装生产的过程中遇到了哪些机会与困难?

我研发的一个裁剪系统在生产中可以减少服装面料的浪费，但是每当提到可持续生产这个话题，我都感到有很大的压力，因为并不是我每一件的产品都做到了零浪费，也不能确保我做的所有事情百分之百是正确的。

学会不断改变。每次的生产并不需要做到百分之百的零浪费，因为我现在拥有了一个可以将浪费的服装面料二次利用的系统，但是如何将所有这些服装产品进行商业化是我现在面临的另一个挑战。

你的下一个系列会是什么样的?

我现在开发了一个叫做积聚的系统，这个系统随着时间的推移可以积累更多服装设计中的细节和装饰。在当前的 Bleed 项目中，用 TEXTA 记号笔手工绘制出吊带裙，细节的积累有两种方式，1. 每个季节设计更多的吊带裙款式添加到系统里面；2. 细节积聚的组成部分涉及着装者的体型，因此，着装者也是细节积聚的部分。目前，我正在使用这个系统进行第二个称为“具体化”的项目开发。

（www.materialbyproduct.com)

作为全球化产业的一部分，服装生产者使用分销网络购买使用来自世界任何地方的资源和服务。然而，这种体系对设计师和生产者来说无形中产生了各种各样的环境和道德的负面影响。本章从生产和零售两方面介绍了一系列有关可以减少运输需求及使运输物品产生负面影响最小化的方法。

“在一些偏僻的村落里，我们运用最为原始的手工技术进行工作，这是我们最大的挑战。我们虽然生产的很慢，但是提供了最大化的就业机会和收入。”

——萨菲亚明尼，公平贸易时装衣饰公司“People Tree”的创办人

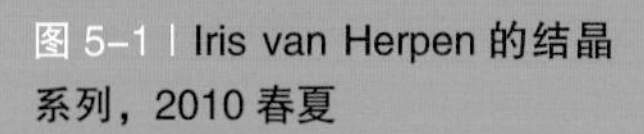

图 5-1 | Iris van Herpen 的结晶系列，2010 春夏

Iris van Herpen 利用快速成型技术将服装打印成三维的造型，精巧和复杂的衣片没有任何浪费，这是因为每件衣服都是运用一种工艺方法独立打印而成，然后层层增加面料打印直至造型形成为止。

图 5-1

这部分的阐述着眼于面料供货商、制造商和生产商之间材料及资源运输方面所带来的负面影响。虽然洲与洲、国家与国家、州与州之间的物品运输会带来环境方面的影响，但同时也会给许多人和社区的生活幸福带来影响。

图 5-2

减少环境影响

服装生产通常尽可能以最好的价格进行面料采购，这通常需要与海外供货商和制造商合作。虽然这可能会获得经济效益，但不管是通过飞机、轮船、火车，还是卡车进行物品运输，其环节都会产生对环境的负面影响。运输系统利用自然资源获取燃料，最终导致空气污染的加重和温室气体的释放。

作为设计师，取得改进的第一步就是从供应商处收集信息，了解他们正采用的运输方式。你可以购买一些通过海外运输比当地价格更便宜的物品。这样只是单纯建立在经济上的考虑，而不顾及产品运输方式中产生更大的环境成本。利用更环保的运输方式，例如生物燃料运输卡车，这是朝正确方向迈出的第一步，但重要的是需更广泛地了解你所采用运输方式所带来的影响。

图 5-2 和图 5-3 | Suno's 的 2012 年（左）和 2013 年（右）度假系列作品

位于纽约的品牌 Suno 在肯尼亚运用 Kangas 生产服装，Kangas 是非洲带有传统印花图案类似棉围裙的布片。

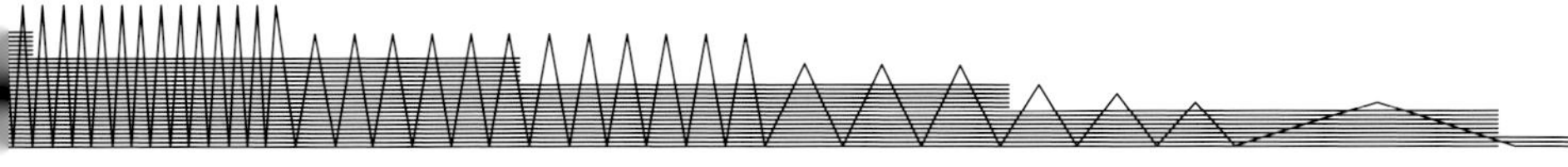

图 5-3

减少你的碳足迹

碳足迹指人们的能源意识和行为对自然界产生地影响，简单地讲就是指个人或企业的“碳耗用量”。其中“碳”就是石油及汽油木材、煤炭等碳元素自然资源。碳耗越多，导致全球变暖的元凶二氧化碳也制造得越多，而缝纫机、洗衣机和交通运输工具需要以碳资源驱动。此外，在一些原料纤维生产的过程中也会释放出温室气体。你能够计算出自己的碳足迹，这可以使你能够寻找到不同的方法去抵消或减少废气的排放量。想获得更多信息，可以登录以下网站：

- 碳基金会（英国）
  <www.carbontrust.com/>
- 碳计算器（英国）
  <http://carboncalculator.direct.gov.uk/index.html>
- 美国环境保护局
  <www.epa.gov/climatechangeghgemissions/>

道德影响的理解

除了环境的影响外，服装生产的物质运输也引起了人类和社会的关注，尤其当与海外供应商和生产者合作的时候。历史上，当生产商试图去管理制造工人的生产条件时，受地域限制往往变得十分困难。然而，在过去的二十年里，为生产工人提供支持和帮助的组织群体逐渐增多。这些组织能够就选择合理的生产商和供应商方面提供信息，因此，你可以确保供应链环节中的制造工人能够得到合理的工资待遇和工作条件。

国内生产像海外生产一样会存在问题。在澳大利亚，道德服装组织提供服装商标，协助管理监督以确保新南威尔士和维多利亚州政府要求的外勤工作人员及工厂工人获得公平待遇，以及安全生产方面能够得到满足。这个组织甚至得到更进一步的进展，通过自愿认证和分类系统为服装品牌提供引导，这些服装品牌旨在激励和促进澳大利亚境内道德生产的发展。

图 5-4

图 5-4 | SOKO 生产工厂

SOKO 是位于肯尼亚乌昆达的一个道德服装生产工厂，它为国际品牌制造服装。这个公司与当地的合作社及手工艺人合作，通过提供公平的就业和培训支持当地社区经济的发展。

企业社会责任（简称 CSR）

公司发展的企业社会责任策略是为公司设定规范制度及实现目标的一种途径。

一些生产者和企业生成了一个全年的企业社会责任报告，为关键的利益相关者提供包括公司所取得的业绩和进展等公众信息。作为一个自身调节的策略，一般需要依赖公司制订相关道德及可持续发展的商业操作标准，这点与其他公司会有显著区别。

创建一个透明的供应链

当一些组织协会帮助你建立了良好的合作伙伴和网络时，想创建一个透明的供应链可能会很困难。虽然，对一些当地规模小的服装生产企业来说，收集这些信息是有可能的，也是可管理的。但对大规模的服装生产企业来说这是项复杂的工作。然而，现在有许多利用新技术帮助你追踪货物流动的公司和方案。Historic Futures公司发展了一项被称为“string”的网络在线新平台，为生产者和零售产品历史追溯服务。这个平台允许使用者能够收集到从供应商至生产者购买到的产品和服务信息，同时，利用这个平台建立一个从服装原材料到服装成品的生产历史追溯系统。消费者能够通过网络链接共享这些资源信息。

通过企业社会责任系统报告为公众和其他利益相关者公开声明你的改进意向是很重要的，例如，类似耐克的一些大品牌已经能够使用企业报告进程激发供应链承包商们的积极性。

道德服装和公平贸易服装的定义

和我们之前阐述的一样，“道德服装”这一术语指服装生产过程符合人类和劳动者权利规定的相关标准的服装，如那些国际劳动组织规定的标准。道德贸易是关于我们购买的产品在没有牺牲供应链环节中劳动工人为代价制造的。涉及的公司需要采取一系列显著的方法找出问题所在，并改善贯穿于供应链环节中所有工人的工作环境条件。

“公平贸易”服装这一术语涉及服装的制作及相关工序，是社会创造发展的一项途径。它的宗旨是为那些生活在农村或欠发达社区人们的生活条件提供支持，为他们生产的物品和提供的服务支付合理的价钱，并将利润再投资于当地社区。当消费者看到“公平贸易”的认证商标时就能够识别出来。

对道德贸易联盟、公平劳工协会、清理服装运动、世界公平贸易组织和国际公平贸易等民间行业组织及协会提供建议和支持。

大规模与小规模生产的比较

围绕大规模和小规模生产的优劣势比较，对服装行业来说是一个比较典型的问题。大规模生产制造的结果通常使同质化服装出现在各商业街，许多研究已经很清晰地显示未来服装业的一个趋势，即当地小规模的服装公司将得到更快地发展。以地方性的层面来看，这也可能会促进一些与服装行业相关的服务业发展。本土化的服装行业能够开始发展为由熟练手工艺人、生产者、供应商和服务提供者组成的可持续发展团体，他们以全球性的层面思考问题，却以本土的层面去行动实践。

引导消费者减少购买数量，为消费者增加绝佳的创新设计服务的机会，如维修、重新改造以及租赁服装的服务，这使服装产业转至产品服务体系（简称 PSSs）。这样的体系所带来的增值收益为消费者提供了丰富的个人及专业相结合的服务，满足了消费者的需求。

图 5-5

图 5-5 | Everlasting Sprout 品牌 2012/2013 年秋冬作品

日本时装品牌 Everlasting Sprout 在为消费者提供成衣系列产品的同时，还为消费者提供了使用说明书和材料装备，以使消费者能够自己制作服装。

图 5-6 |“条纹 T 恤”和“包裹的裤子”Antiform 品牌 2011 秋冬作品

英国时装品牌 Antiform 使用回收的面料和原材料，以及使用离工作室 20 英里内的专业材料及劳动力进行服装生产，这个品牌在利兹创立的（详见 134~137 页有关 Antiform 品牌创始人的采访）。

产品服务体系（PSSs）

这个体系使公司不仅能为消费者提供产品，而且还能提供相关服务。由于它的宗旨是为减少消费的问题，所以它被看作是一个非物质化的模式。

图 5-6

参与当地社区

一些城市和农村地区拥有一个创意的服装和纺织社区，能够为当地文化增强生命力，并为当地的经济发展做出贡献。虽然其中一些社区艰难维持经营，但有些社区通过重新对传统技艺的认识而得到繁荣发展。这些创新的社区通常由小规模的制造商和生产者组成，常常与奢侈品牌或高级时装机构合作。虽然他们以当地层面运营，却以全球的视野参与当地社区，与其他国际社区共享信息及体验，这直接或间接促进了社会参与新模式的发展。

在当地常常能找到一个手工艺人的社团，他们非常希望与新设计师进行合作。你的创意园区通过与这些手工艺人结合，你会发现当地的刺绣工、丝印工人、数码印刷工、纺织品设计师以及小生产者和制造商们都愿意为你的设计作品提供支持。

此外，与当地手工艺人及生产者的合作，产品可直接销售至当地的消费者，这样你能很好地减少对环境造成的负面影响，而这些负面影响通常是由一些大规模生产所导致的，包括运输、广告及市场环节。

你可以将省下来的钱公平支付薪酬、安装资源节约型的技术及支付更高品质的材料。

另外，你可以开始为供应商、生产者、服务提供者及消费者建立一个资源共享的网络。通过这个网络平台，可持续性设计策略不仅能够得到改进，且能探索出其发展的一些新途径。人们开始去分享新的理念，开始去建立服装实践的新方法，这将会给人们带来在服装生产及消费行为方面的改变。

图 5-7

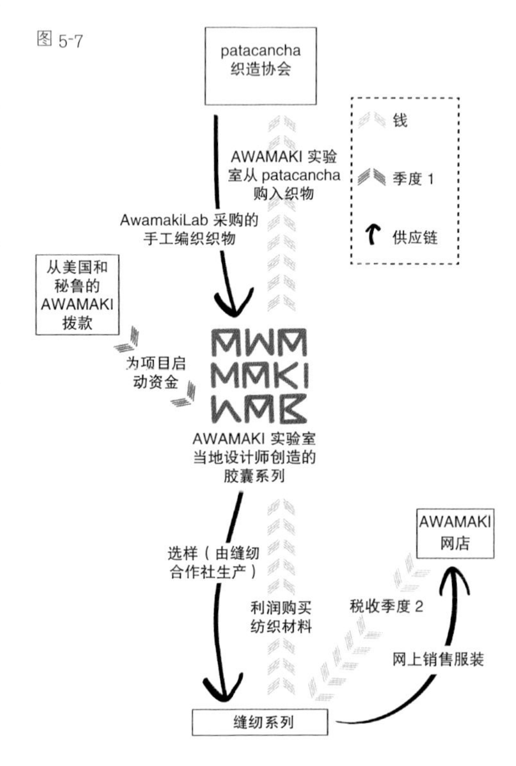

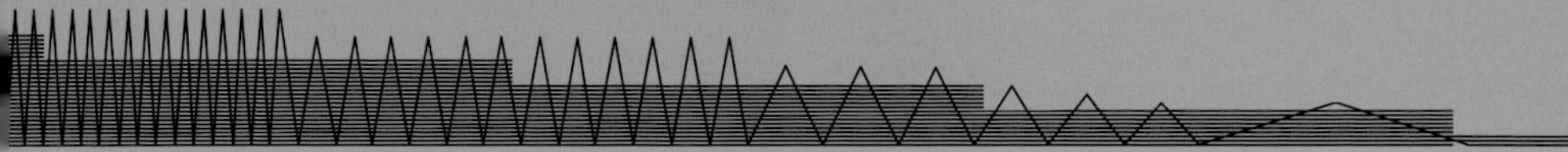

图 5-8

图 5-9

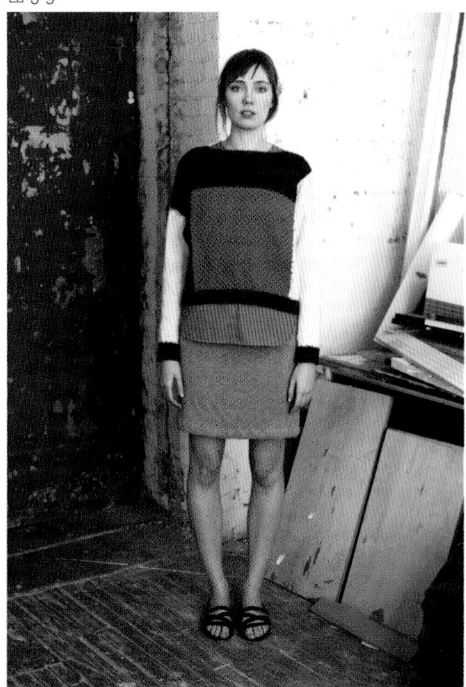

图 5-10

图 5-7~ 图 5-10 | AWAMAKI 实验室 2012 年秋冬

秘鲁成立的不以盈利为目的的组织AWAMAKI，主要管理编织、针织和缝纫合作社，并为合作的妇女们提供培训。与年轻设计师合作创作了一些时装系列，并依次为纺织和缝纫制作提供经济资助。

伊莎贝尔・德・希尔林

图 5-11

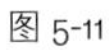

图 5-12

2009 年，德国设计师伊莎贝尔・德・希尔林（Isabell de Hillerin）在柏林创立了她自己的时装品牌。伊莎贝尔・德・希尔林与罗马尼亚和摩尔多瓦的手工艺人和制造商合作，将传统的纺织和刺绣技术引入当代的时装设计，并把它作为支持和保护地方性原材料和手工艺的一项途径。

是什么启发您将可持续性理念引入您的时装系列？

在我所有的系列设计中有着这么一根普通的线，它是罗马尼亚和摩尔多瓦传统手工纺织的。这些独特的原材料成了“伊莎贝尔・德・希尔林”标识的重要部分。这个想法使传统手工艺产业得到了巩固，与当地制造商合作支援当地手工产品的生产，在现代时装发展的背景下使他们的文化技艺得到实现。除此之外，一切都在德国制造。

图 5-11 | **伊莎贝尔・德・希尔林**

图 5-12 和图 5-13 | **2013 年伊莎贝尔・德・希尔林的春夏系列**

伊莎贝尔德希尔林与当地制造商合作支援当地手工产品的生产。她的设计将当代设计元素与传统的手工艺进行融合，同时帮助高技术手工艺人宣传他们的文化技能。

图 5-13

伊莎贝尔·德·希尔林

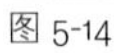
图 5-14

图 5-15

传统手工艺的保存为什么对您来说这么重要?

在我童年以及参观罗马尼亚时看到的所有图案和材料给我留下了深刻的印象，在巴塞罗那时装设计学校制作我的毕业设计作品时，我发现再也找不到这些漂亮的材料。那时我才意识到这种独特的纺织工艺近乎消失。

2008 年的夏天，我在罗马尼亚旅行发现了一些制造商仍然手工编织这些民间织物。这些价值和技艺必须通过一些方法加以保存，这就是我当初开始这样做的原因，而后我将捕捉到的手工元素转移至设计作品中。这些合作成为我工作中最喜欢的部分，同时也是我扎根于传统手工继承事业的桥梁。

图 5-16

图 5-14~ 图 5-16 | **伊莎贝尔·德·希尔林 2013 年春夏系列作品**

伊莎贝尔与摩尔多瓦的妇女们合作将手工刺绣和其他传统的技术融入设计作品中。

在罗马尼亚和摩尔多瓦与被认为是时尚界外的传统手工艺人合作时，有没有遇到一些困难？

当然存在一些困难。其中一个例子就是摩尔多瓦的货运问题。和我合作的那些妇女们通常住在没有正规街道和门牌号的小村庄。因此，给他们发送物品就不是那么容易，而且我还要经常跟邮递员解释我投递包裹的地址不是那么确切。但是我有个优势就是会讲罗马尼亚语，因此，我们沟通的很好，即使他们对时装业不懂，我也能对他们进行讲述，且他们对时装业的兴趣和激情是难以置信的。

有没有一些窍门或建议可提供给想进行可持续时装设计专业的学生？

努力加油吧！当然任何系列设计的背后都是大量的研究和努力的工作，但是你能感觉到和看到品质的差异。最后，付出总有回报。

<www.isabelldehillerin.com>

这章节主要阐述服装从工厂至消费者的整个运输过程中如何减少和避免不利的影响。虽然运输、存储和产品分配至销售点的整个过程需要使用能源和燃料，但零售店也需要照明及采暖等方面能源的使用。同时，服装需要保护性的包装及更易运输储存的捆绑打包。

然而，在零售的系统中大量产品的迁移引起了人们的关注，这在很大程度上是取决于销售的预测。零售买家预期了服装的需求，然后估计了需要的数量，这经常导致生产过剩的问题产生。这意味着在生产过程中资源得到了浪费，剩余库存的不必要运输导致化石燃料的耗费。

图 5-17

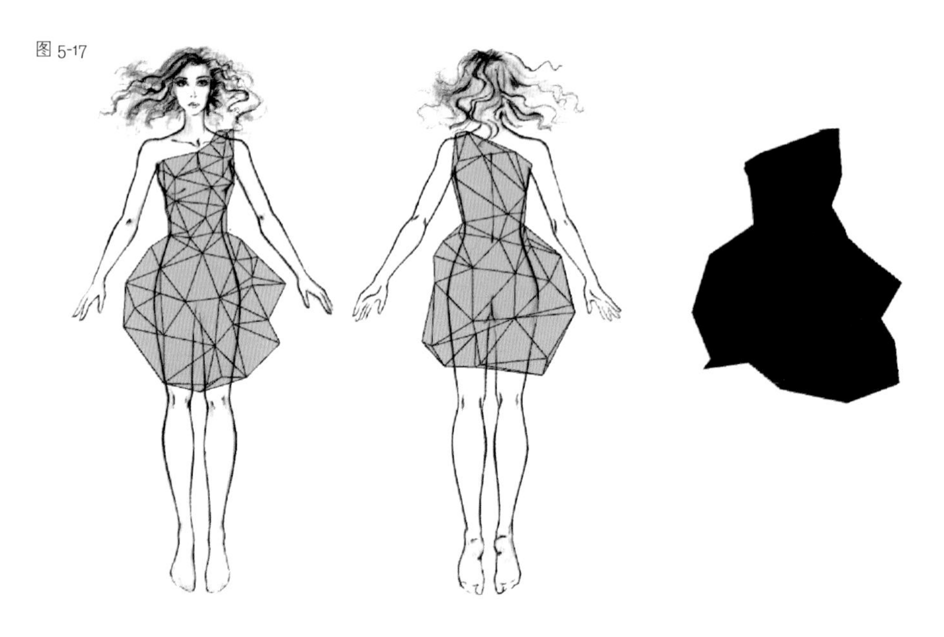

图 5-17 和 图 5-18 | Continuum 的三维服装软件

使用 Continuum 的三维服装软件，你可以给自己画裙子，在根据你自己的尺寸输出服装制作板型前你可以通过该软件看出三维模特的着装效果。

众包

通常从广泛的网络群体中获取相关想法、观点和服务。

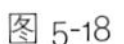

图 5-18

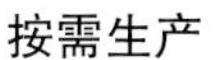

按需生产

服装的过度生产可以通过多方面途径努力得到避免。最近，新技术的发展使许多贴牌服装和品牌服装能够按需生产。消费者可以利用允许产品定制的网络技术向供应商进行个性化订单。

此外，数字化网络技术使服装的创作产生了戏剧化的变化。实验性服装品牌 Continuum 允许消费者通过使用众包网络技术参与设计环节，这令消费者能够在定制前根据尺寸及网上三维着装效果来创作他们自己的服装。此外，通过利用 Continuum 的网络服务使消费者能够与网络用户团体分享他们的想法和创作。

从牛仔裤到运动鞋等一系列新产品，都给消费者提供了参与创新的机会。然而“开放资源”网站的使用又更进了一步，允许消费者下载纸样以使他们能在自己家中进行服装制作。“开放资源”网站促进了信息的运送而不是物品运送的概念。

DIY 时装

互联网为小时装品牌及生产商与消费者的联系提供了一个价值性的平台。有些品牌已经开发了他们自己的网店，还有些品牌通过网络在线零售商推销他们的产品。如 Etsy 公司建立了网络在线团体，其团体规模远远超出卖场顾客规模，可使消费者与生产商、思想家、活动家及其他人员进行沟通联系。邀请消费者分享各自思想，通过参加项目及学习新的技能来支持 DIY 的时装制作。

这种零售方法帮助一些小规模时装制造商提高了收益，使他们不需要多资金的投入就能开始一项新的业务。虽然产品仍然需要经过不可忽略的运送环节，但有价值的资源没有浪费，因为大部分的产品已被订购，这些操作依然可以得到执行。

图 5-19

图 5-20

图 5-19 | **来源于 SANS 的“自制的线”**

创立于纽约的时装品牌 SANS“自制的线”服装的纸样可以从互联网上下载，因此，着装者能够在家里自制服装。

图 5-20 | **来自 DIY 时装公司的服装**

经验不足的缝纫者能够在 DIY 服装网店购买简单的服装制作衣片，以使他们能自己制作服装。通过简单的直观图可以一步一步跟着做，DIY 时装公司旨在帮助人们更容易地进行时装的缝纫。

回应着装者的需求

作为介于自己与消费者之间的服务商角色，为了发展一项服装的创新方法你不得不依赖于技术的发展。一些独特的服装品牌正在探索产品和服务相结合的商业模式。利用目前讨论的网络技术能够实现，这在小规模的环境下也能运行得很好，因为设计师能够与消费者沟通并对消费者提出的特殊需求有机会进行回应。此外，新的商业模式能够给服装提供重构的服务，然而，服装尤其奢侈品也能够进行租赁而不是被独自占有。

图 5-21 | Etsy 的解剖复古时装店

Etsy 不只是一个在线零售商，还为新秀设计师和品牌提供一个集消费者、生产商、艺术家和制造商于一体的线上 / 线下团体的平台。

图 5-21

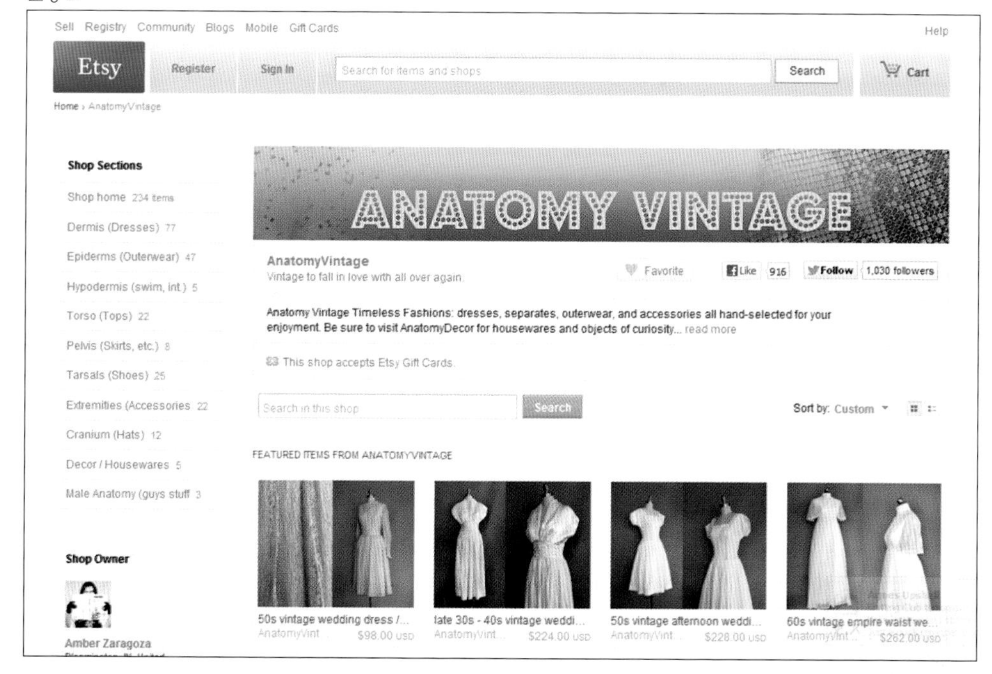

按需设计

任何行业都常常被人认为是独特而不是可兼容的，由于服装需对社会众人需求做出反应，包括残障人士的着装及健康问题、经济窘迫者、特定的宗教人士及人口老龄化问题等，服装通过实现为这些问题作出努力回应。消费者常常被世界的时装杂志和零售店里最新潮的时装及季度“必备”的新服装和样式所炮击。然而，我们可能会渴望拥有这些不易获得而又不是十分必要的产品。

服装发展的本质需要减少不必要产品过剩的潜在需求。对实际的需求而不是市场的需要做出反应，这样才能真正地减少材料及自然资源在生产及分配过程中的使用。但真正的需求是更为全面的，而不仅仅着装者的实际需求。然而，实用性和可用性是有价值的需求，人们也需要时装能够产生情感上的幸福快乐，并激发人们的独立自主性并提供安全保障。服装几乎很少能够具备所有好的品质，但是设计师有机会使人们这些真正的需求得到满足，而在服装业中这些需求有时候被忽视了。

满足需求进行设计必须考虑以下步骤。首先，需求的本质必须确立，你所追求的目标是什么？然后，通过服装的设计必须确定你如何才能满足这些需求，以及如何确认你已经满足了这些目标？评价你对需求做出了怎样的反应，这对你来说是很重要的。你认为自己会达到目标吗？你的设计会达到预期目的或你是否需要取得进一步改进吗？

图 5-22

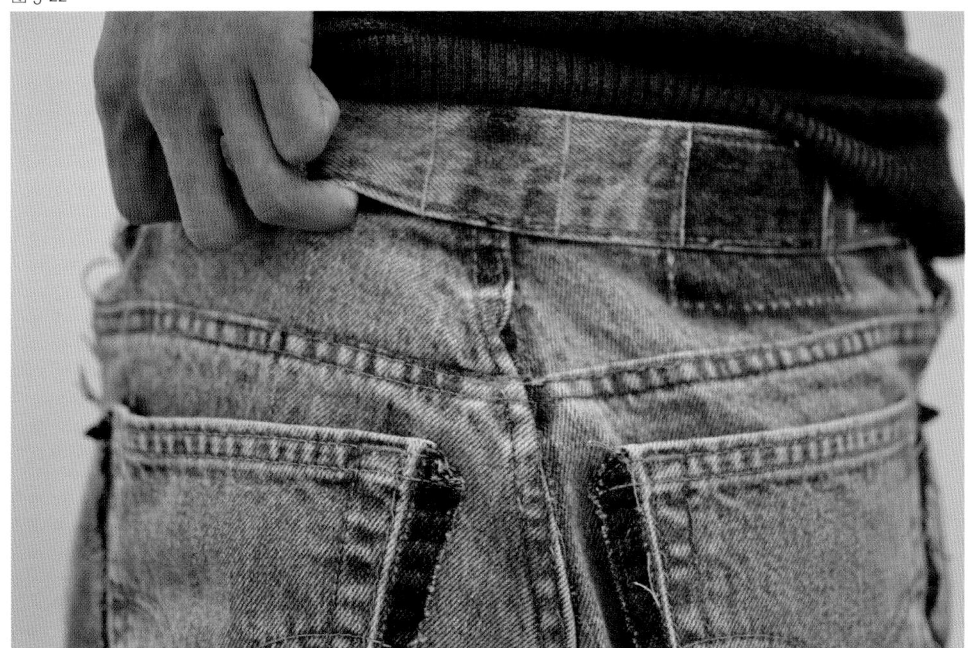

图 5-23

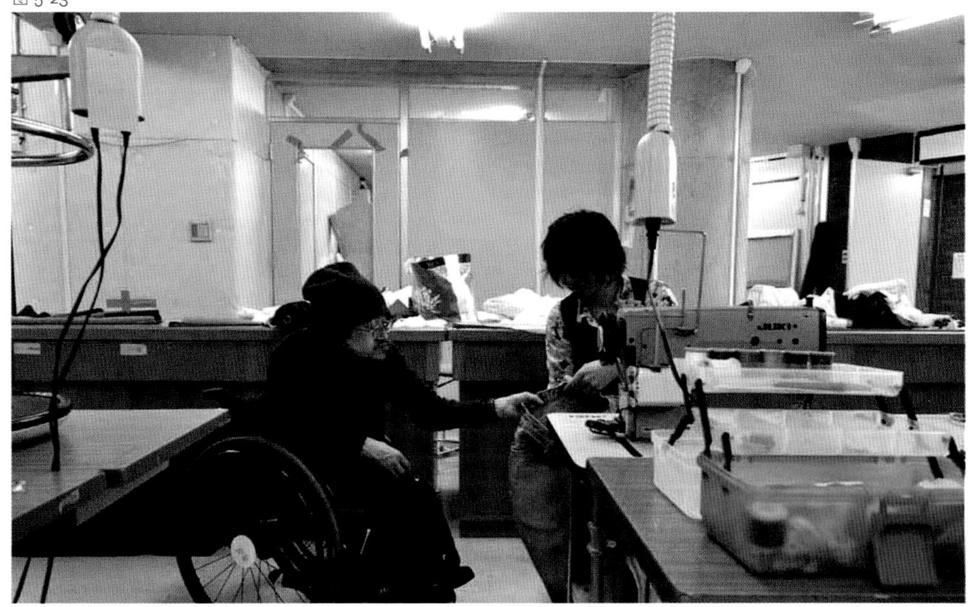

图 5-22 和图 5-23 | 包容时装工作室成立于京都艺术设计大学

大治朗美津浓博士设立的包容时装工作室于京都艺术设计大学成立，为探索服装的使用性与外观性的平衡而设立的工作室。优先为各种残疾人士设计多功能服装。

服装设计的包容性

在这个设计练习中，你将制作一件智障或肢体障碍人士所穿的外套。

首先选择男装或女装或是中性服装，再研究下一个秋冬季度流行及面料的趋势。接着找出这些智障及残障人士在活动灵活性方面的需求。如果可能的话，采访这些智障及残障人士，观察他们穿脱及使用外套的情况。参考本书第 3 章“为共鸣而设计”的有关与用户工作方法的阐述。获得更多的信息可访问与人设计的网站 <http://designingwithpeople.rca.ac.uk/methods>

你将有必要去收集消费者在使用中遇到哪些与使用性能相关的问题，在外套的设计中综合考虑这些问题。活动中出现的问题可能包括艰难地拿取物品或伸展胳膊，智障人士出现的问题可能会涉及理解及抓握物品等方面。在使用性能方面想获得更详细的信息可访问包容设计工具包网站 <www.inclusivedesigntoolkit.com/betterdesign2/>

当你开始着手设计时，思考你的设计理念并尝试找到方法解决穿着中遇到的问题，让你设计的服装有更为广泛的穿着群体。你的设计有没有阻碍及停止使用的问题？具有不同着装需求的人是否都可以穿着你设计的服装？如果你已经为一些特殊需求的人士设计了服装，但要思考如何让您的服装能够拥有更多的行动障碍着装消费者。例如，解系费时的纽扣或者安装在尴尬位置的拉链或口袋都是行动障碍着装者使用中潜在的问题。

图 5-24

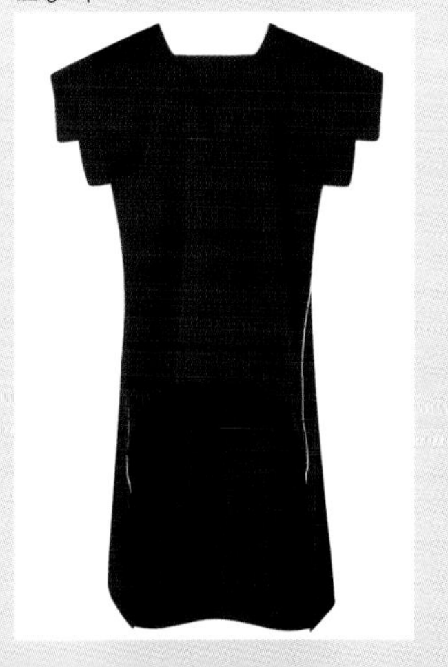

图 5-25

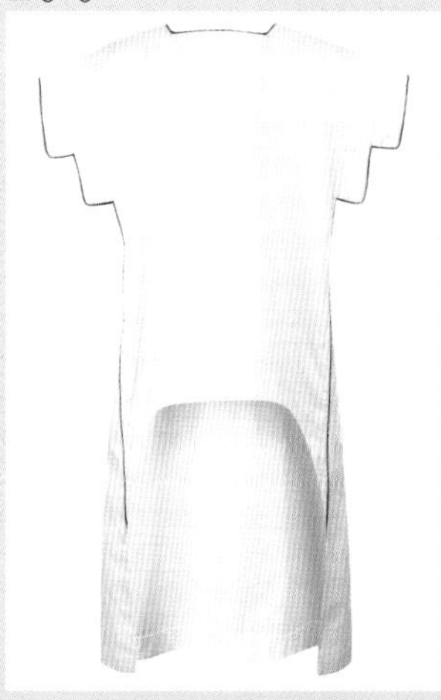

图 5-24~ 图 5-26 | Xeni 设计的“泰国人”连衣裙

专业时装品牌 Xeni 为轮椅使用者和有智障及行动不便的消费者设计的服装。裙子的功能是关注点，这个品牌主要倾向时尚方面的设计。

图 5-26

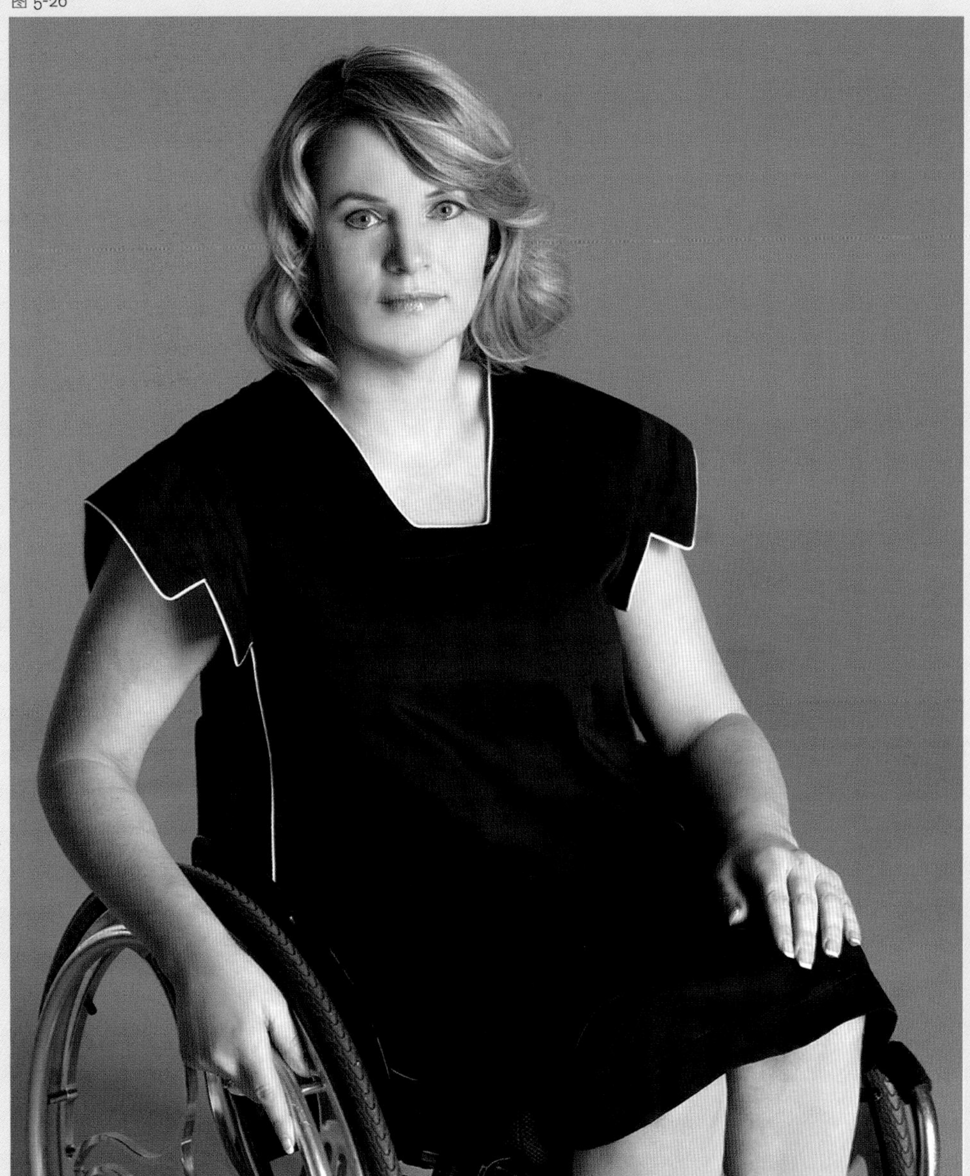

服装的使用阶段是对环境产生影响最严重的环节，其产生影响的环节主要体现在以下几个部分：穿戴、洗涤、储藏、修改等。你可以通过收集人们如何使用服装的信息，来对比较好的穿着方式与较差的穿着方式分别对服装产生的影响，然后努力进行改进，鼓励人们改变服装的使用方法来延长服装的生命周期。本章主要阐述服装使用阶段的相关环节，同时介绍一些在设计开始阶段需要考虑的可持续发展策略。

"买的少一点，选择好一点，用的久一点"。

Dame Vivienne Westwood

图 6-1 | Emma Dulcle Rigby 的能量水系列服装设计

英国服装设计师 Emma Dulcle Rigby 生产了一系列包括使用保养说明在内的服装。

图 6-1

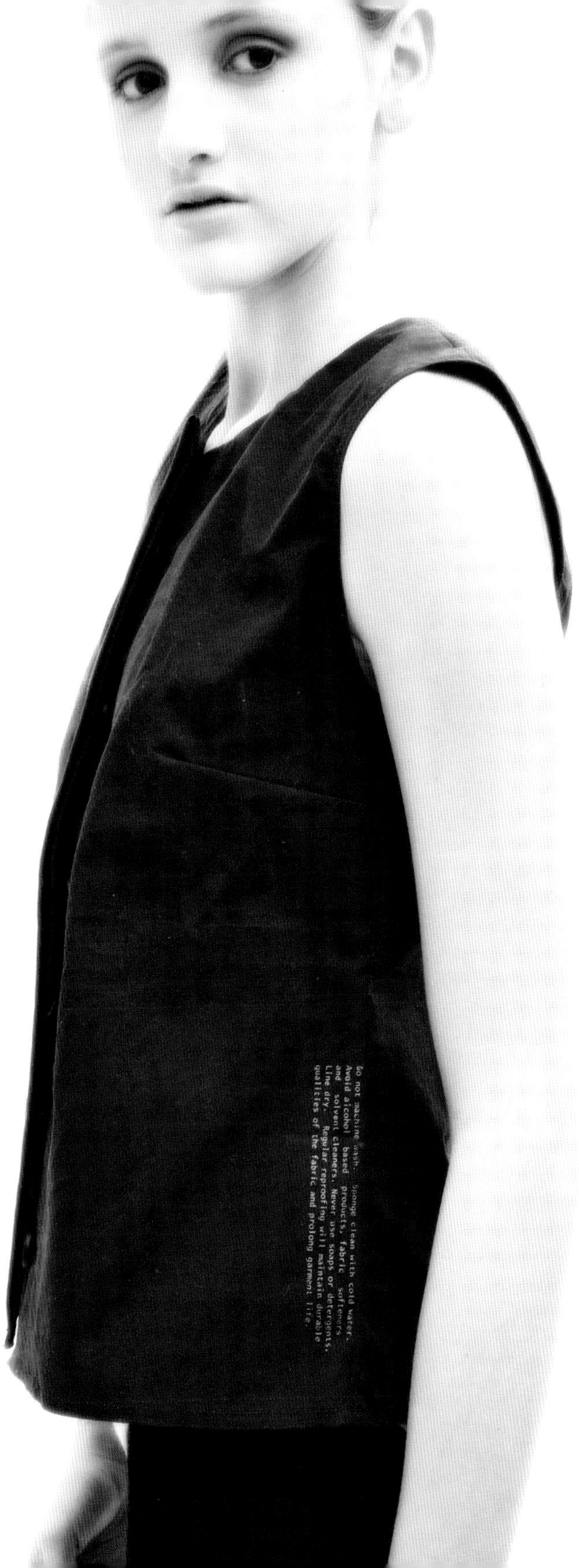
Do not machine wash. Sponge clean with cold water.
Avoid alcohol based products, fabric softeners
and solvent cleaners. Never use soaps or detergents.
Line dry. Regular reproofing will maintain durable
qualities of the fabric and prolong garment life.

图 6-2

这一部分重点关注服装的洗涤环节，主要包括服装洗涤、干燥和整烫。尽管服装的洗涤标签对指导服装洗涤起到很大的作用，但很多人还是通过家庭成员学习到怎样进行洗涤服装。母亲、奶奶或者其他家庭成员可以为你演示如何使用洗衣机，对如何去除服装上的污点或者如何整烫精致的服装提供帮助和指导。对于有些人来说，服装的洗涤是一个令人困惑的环节，需要经历不断的试验与犯错才能掌握。在接下来的内容中，我们主要讲解服装的洗涤、晾晒、整烫和存储。

图 6–2 | **道德服装设计师 Ada Zanditon**

Ada Zanditon 是环境清洁用品公司 Ecover 的服装穿着与护理专家，Ada Zanditon 和 Ecover 公司一起合作来促进环保的服装洗涤和穿着方式。

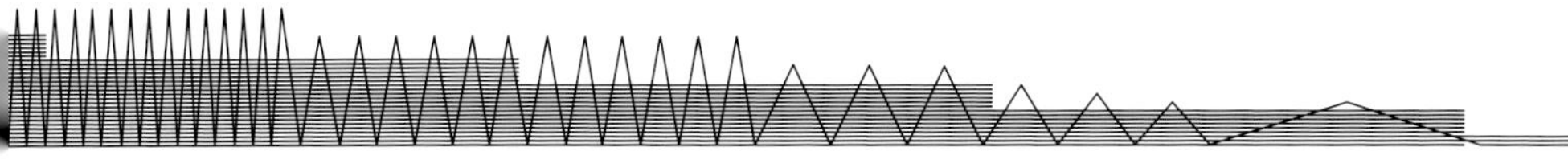

服装洗涤

在服装的洗涤过程中，我们在洗衣机里放置一定的化学洗涤剂，把衣服洗干净就需要消耗掉大量的水和能源。这个过程对环境起到了负面的影响，污染了河流，消耗了化石燃料，增加了二氧化碳的排放。但是，我们却很少关注和思考这种破坏环境的行为。

我们对服装洗涤的要求来自于个人的清洁标准，它与出汗和皮肤的接触有关。我们总是认为当服装脏的时候它就需要洗涤，但是我们却对什么是脏理解很少。有的人可能只穿了一小会就觉得服装脏了需要洗涤，有的人则会在穿着一两天之后才会洗涤服装。不同的服装品种应选择不同的洗涤方式。运动服和工作装被认为是最脏和最需要经常在较高的水温下洗涤的。同时，针织连身衣等其他服装被认为在穿着很短的时间之后就需要洗涤。

在了解服装被弄脏的类型、程度和合理的洗涤方式之间的关系后，我们可以决定服装需要整件洗涤还是只需要部分冲洗。但是最突出的问题是，通常情况下服装的穿着者不认为服装的护理要求是由服装的面料决定的，而是由服装被弄脏的程度决定。

干洗过程

干洗在洗涤过程中需要添加化学洗涤剂，但是不需要用到水。传统的干洗需要用到大量的全氯乙烯溶剂，这种可挥发性有机化合物被认为释放到空气、水和食物中以后对人和动物都是有害的。人们在接触挥发到空气中的全氯乙烯后会产生头晕和头痛的症状，那些生产这种化学溶剂的工人会增加一定的健康风险，在很大程度上会增加他们得癌症的概率。

干洗厂家在全氯乙烯的使用上被要求需要更严格的监管，科技的发展产生更加干净、环保的服装洗涤方式，其中一种新的服装洗涤方式叫作“湿洗”，“湿洗”是通过在服装的污染处用水洗涤并结合特殊的缓慢旋转洗涤和干燥来达到服装洗涤效果的一种方法。

你可以通过访问环境保护局的网站来了解更多全氯乙烯的信息，网址是 www.epa.gov/oppt/existingchemicals/pubs/perchloroethylene_fact_sheet.html.

干燥和整烫

在现代社会中，滚筒烘衣机是一种可以给生活带来便利的设备。使用者除了关注滚筒烘衣机会消耗大量的能量外，他们不太会去关注滚筒烘衣机在使用过程中的其他不利因素。例如，人工干燥会缩短服装的生命周期，因为人工干燥在操作过程中的温度较高，会引起服装面料的皱缩或者扭曲，这种情况经常发生也是由于人们忽视服装生产厂家提供的服装面料洗涤说明。

同样的，整烫也会缩短服装的生命周期。整烫过程中，整烫设备如设置在不正确的温度和蒸汽功能模式，或者不合理的操作方式都会使服装面料受到损坏，滚筒洗衣机如设置不合理的洗涤温度也会使服装面料变得更加糟糕。

③服装的存储

服装的护理同样包括服装在平时穿着过程中的护理。幸运的是，有价值的建议和信息可以在书本、杂志和网站上找到，特殊服装的护理信息可以在服装企业的网站上找到。但是，与其让人们通过阅读或者访问网站来得到服装护理的信息，不如让服装企业为消费者提供一种可操作性较高的护理方法。如果你能理解消费者对将服装维持在一个好状态下的需求，你就可以告知消费者将服装悬挂起来是保持服装形状的最好的方式。

图 6-3

图 6–3 | Emma Dulcie Rigby 手工编织的毛衣

这款服装是 Emma Dulcie Rigby 的能量水系列服装设计中的一款，它由 100% 的文斯利代尔羊毛（Wensleydale）织成，服装的护理指导特性也是其设计的一部分。

图 6-4

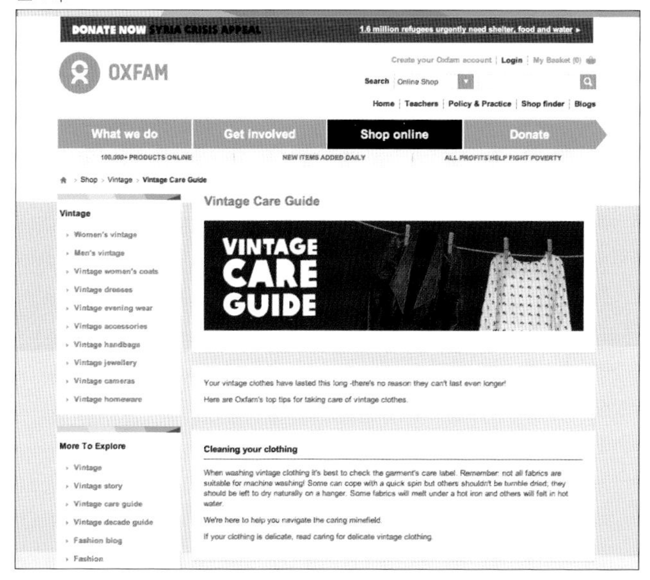

图 6–4 | Oxfam 的复古服装护理

英国慈善组织 Oxfam 研发的复古服装护理指导，它提供了服装洗涤、整烫和针对不同面料的护理方法。

一次性服装

一次性服装的概念可以在今后的服装设计中得到探索和研究，通过创造可拆卸的生物降解的服装裁片，可完全消除服装对洗涤的需要，这种新的技术可以使服装设计师在设计过程中改变原先服装面料的性能，另外，回收的非织造服装面料不需要通过洗涤就可以重新在服装中应用。

在通过超声波焊接技术制成的非织造服装中运用激光切割可以达到制作蕾丝的效果，这种方法在提供了精致的、可透气服装的同时还促进了服装的回收利用，对回收一次性服装起到很好的效果。你需要在设计的开始阶段去思考任何变化可能会带来的影响，去观察在服装的生命周期中是否会出现一些消极的影响。

更加安全的洗涤方式的出现更能体现服装企业对消费者的责任心，服装企业能够为消费者提供更好的服装保养策略，也可以与服装消费者一起建立一种关于沟通服装存储信息的途径。要注意的是，这些信息可以体现在另外的附件材料上，例如服装标签等材料。你需要创造一种独特的技术加工标签以使这些信息存储在服装上。

图 6-5

图 6-5 | 19 世纪 60 年代的印花纸质裙

可回收的纸质服装不是一个最新的概念，19 世纪 60 年代前卫的印花纸质裙成为一次性服装的一个即时的图标。

一次性服装

一次性服装在传统意义上是与个人防护相关联的服装，一般在食品、医疗、保健等企业中使用。制作一次性服装选用的非织造聚丙烯材料可以通过机械地回收来进行二次生产。尽管非织造服装面料在服装生产中不会单独使用，不同的非织造服装面料可以提供一些不同的性能，例如良好的防水或者可回收等性能，可以减少对洗涤的需求。

图 6-6

图 6-7

图 6-6 和图 6-7 | Sukiennik Agnieszka 的 Tyvek 连衣裙

由 Sukiennik Agnieszka 设计的这件艺术连衣裙，利用杜邦可回收的轻巧纸状 Tyvek 面料制成。

减少洗涤

通常情况下服装的洗涤十分必要，也是日常生活中的一部分。在前面的部分，我们在讨论服装为什么需要洗涤和如何洗涤，但是你也可以在服装设计时应用新的创意来挑战和改变服装的洗涤程序，在服装设计的最开始阶段你可以考虑设计中如何体现让人们减少洗涤的可能性，或者改变服装的洗涤方式。

在服装的设计阶段，设计师可以从服装面料的特性、装饰细节等的选择上来看是否能够减少服装洗涤对环境的影响。设计师可以在面料上选择更加容易护理的服装面料，这些服装面料能够在低温下进行洗涤、干燥和整烫。另外，还可以在服装面料上使用复杂的图案和印花做混合染色处理，延缓对服装面料洗涤的需要，这在服装的克夫、领子等部位特别有效。

在服装中可以将与人体接触较多的零部件临时拆卸，这非常有用，这样消费者在服装的洗涤过程中可以只洗涤可拆卸的零部件，对可拆卸的克夫和领子做洗涤或者维护处理以减少整件衣服的洗涤次数，服装的可拆卸功能能够减少消费者洗涤整件衣服的需要。

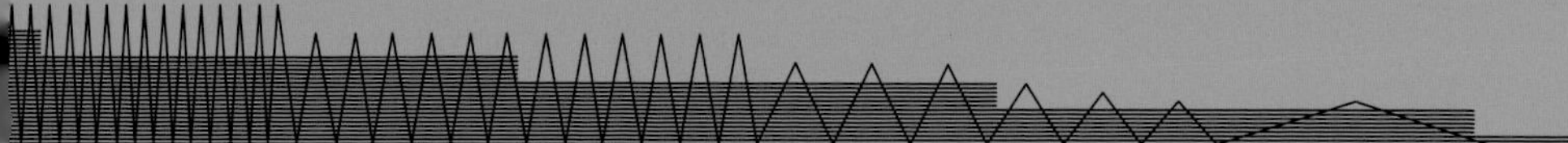

图 6-8

图 6-9

图 6–8 | Refinity 和 Berber Soepboer 的“片段”服装

Fioen van Balgoo 和 Berber Soepboer 一起合作，利用拼接和折叠产生各种形状的模块化部件设计服装。

图 6–9 | Bruno Kleist 设计的“The Magnificent Seven”的系列服装

丹麦服装设计师 Bruno Kleist 利用自然的菌类染色和斑锈印花技术设计的男装系列，作品启发人们在使用过程中可以减少对污渍方面的关注。

在当代的西方社会中，大部分穿着者不会选择去修补损坏了的服装，日常的生活中也很少有人去修补服装，除了做一些钉扣子或者固定缝边等简单的处理，这些能力的缺失主要是由于家务技能的不足、新服装价格便宜和服装修补的费用较高等原因造成的。下面的部分来看看怎样鼓励消费者更多地去参与服装的修补工作。

图 6-10

图 6-10 | Heleen Klopper 修补的羊毛衫

荷兰服装设计师 Heleen Klopper 善于进行羊毛衫破洞的修补处理，修补工作一般都是由手工完成，不需要借助复杂的机器设备，修补的羊毛衫在洗涤后也不会出现再次破损的情况。

图 6-11 至图 6-13 | Sara McBeen 可穿戴修补工具

加利福尼亚产品设计师 Sara McBeen 重新设计了一款手缝工具便携“包”，这个“包”对于穿着者来说是很容易进行装饰美化。

服装修补

最初，由于经济原因服装会被很好地保存和修补，那是因为劳动力要比材料和新服装的花费要更廉价。不幸的是，随着时间的推移，家庭式作坊或者在企业中从事服装修补的人渐渐消失了。

在服装的修补阶段，你打算将一件破损的服装恢复至较好的状态。在服装修补过程中有很多技术可以使用，包括织补、补丁、贴花等技术都可以很好地隐藏服装破损的部位。也许你会鼓励服装穿着者在服装破损的时候去修补服装而不是将其扔掉，但是你也必须考虑到的是到底由谁来做这个修补的工作呢？自己修补还是找专业的服装修补人员，你会选择哪一种呢？

鼓励人们去穿修补服装的最大的挑战在于服装的修补痕迹已然清晰可见。传统意义上，穿修补的服装是生活拮据的一种表现，因此，社会上的人们是很难接受这种可见修补痕迹的服装。你可以鼓励人们转变观念，找专业的修补人员用最新的修补方式去修补这些污点、破损等，并将穿着修补的服装看作是展现个性的一种表现。你也可以鼓励着装者通过新手或经验的修补工运用不同的装饰技巧强化和丰富图案来处理这些污渍、破洞和撕毁处。

图 6-11

图 6-12

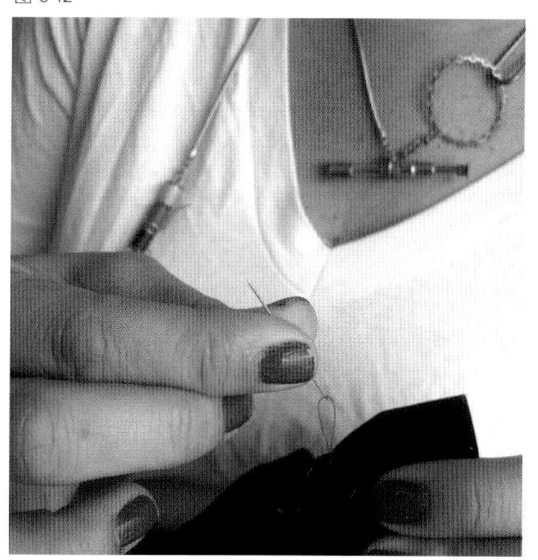

图 6-13

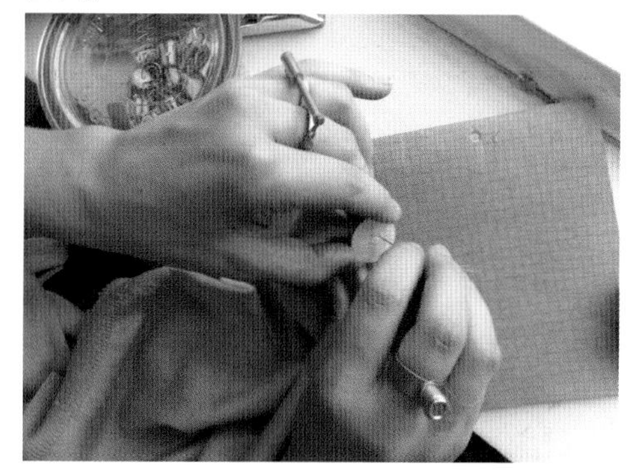

服装的改变和适应

可持续服装的发展提倡手工制作工艺的恢复，除了一些创造性的修补方法外，还有一些可以促进被废弃服装进行升级的技能等。

改变服装的目标是使服装看起来与众不同，虽然改变的幅度比较细微，例如将一件长袖的 T 恤改成一件短袖的 T 恤，更改之后的服装几乎找不到更改之前的服装的那种感觉。

在服装设计阶段，设计师可以建立一个能够使消费者临时或者永久适应服装的方案。例如，设计师可以研发出这样的一种服装，这种服装在穿着中能够有意地从一种形状转变为另一种形状。另外，设计师需要为消费者提供如何转变服装的相关信息和材料，在一些情况下，设计师将无法影响服装的改变因为其他的服务能够提供这种变化（见第 7 章）。但是如果当你打算去改变一件服装时，你必须要了解在服装生命周期的哪一个阶段去做改变是非常重要的。

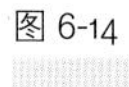

图 6-14

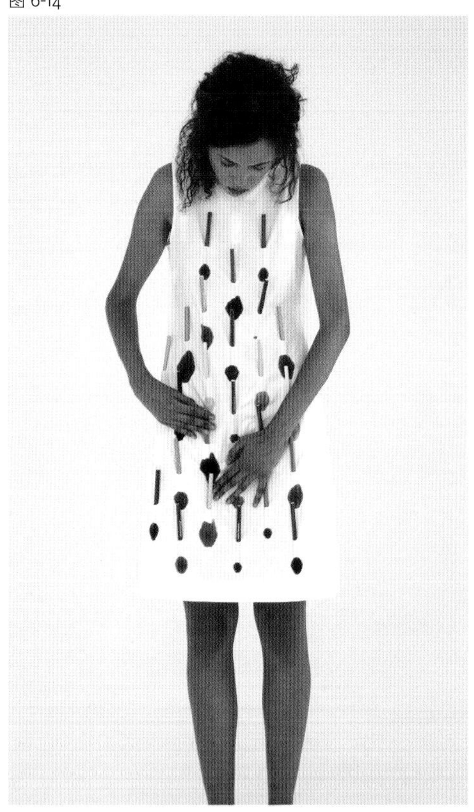

图 6-15

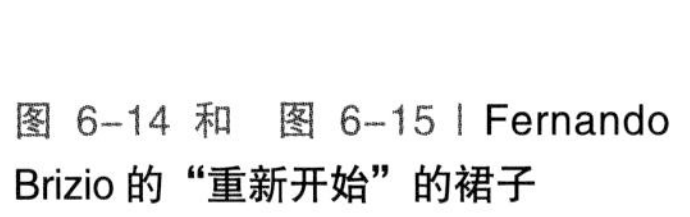

图 6-14 和 图 6-15 | Fernando Brizio 的“重新开始”的裙子

Fernando Brizio 利用毡尖笔创造这件艳丽图案的裙子。这些图案在洗涤时可以洗掉，然后会留下一些可以创造出新图案的空白布。

老化服装设计

在服装的设计与生产过程中，设计师在服装的面料、生产加工技术和流程的选择上需要考虑服装在使用中的老化问题，可以通过充分挖掘一些具有特殊性能的材料来延长服装的生命周期。

例如，过度地穿着可能会引起服装面料的破裂，除非进行修补，不然经过多次的洗涤和穿着后服装面料的破洞会越来越大，但是设计师可以尝试着利用两层面料合并成新的服装面料来设计服装。服装面料的老化对服装设计有很大的影响，服装经过多次的洗涤和穿着后，服装面料的破洞和撕裂会延伸，新的服装面料展现出良好的性能，能很好地避免这种情况的发生，减少服装的修补需求，增加服装的附加价值。

图 6-16

图 6–16 | Lisa Hawthorne 设计的“迷失”主题短上衣和裙子

切尔西艺术与设计学院纺织材料专业的硕士毕业生 Lisa Hawthorne 设计了一系列当服装老化时能够通过饰物细节点缀的面料。当穿着天然纤维材质的服装时，隐藏的装饰品就能够得到凸显。

为修补而设计

当服装面料老化时，设计师可以为消费者提供一系列的方法来鼓励他们积极参与服装的修补工作。如果设计师鼓励消费者去寻找更专业的服装修补帮助，他就需要为消费者提供推荐的专业修补机构的名单。

在服装的发展史中，很多案例都可为服装创新设计提供参考。例如，在17世纪中叶，紧身胸衣十分流行，这种紧身胸衣是作为贴身内衣穿着的，在紧身胸衣上可以利用装饰丝带来拆卸或者组装袖子，因此穿着者能够根据自己的外观与功能需要来进行选择。

可拆卸的设计也同样应用在男装设计中，18世纪早期带有可拆卸克夫的外套变得十分流行，人们选择通过扣眼技术拆卸和更换克夫以达到改变款式的目的，使得人们不再热衷于购买新的服装，克夫可以从外套上分离出来单独洗涤和替换。

如果设计师鼓励消费者去参与服装的修补工作，他们需要为消费者提供额外的服装材料，例如服装面料、匹配的缝纫线和恰当的操作说明。这个要求在服装设计中是比较容易做到的，它提供了一种替换或者修补服装局部而不影响整件服装效果的机会。

当你积极地利用不同的方法来鼓励消费者参与服装的修补工作的过程时，你可以清楚地了解在服装的生产过程中哪些部位需要加强，如果你在后面的设计与生产中改进了这些部位，消费者就能够使用更长时间。服装可以通过有形、无形和装饰的方法来进行加固，如果你对这方面的知识感兴趣，阅读第7章“回收再利用”技术也许对你有帮助。

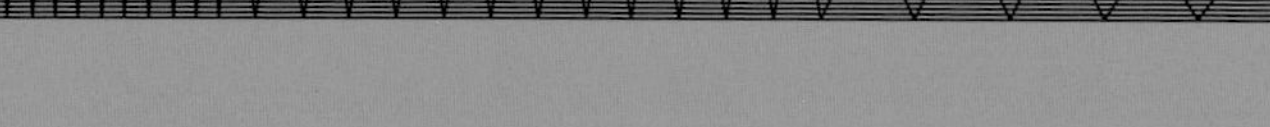

图 6-17

图 6–17 | 17 世纪中叶带有袖子的紧身胸衣

带有可拆卸功能的服装在损坏后更容易被修补，被损坏的零部件的替换和修补并不会破坏服装的整体效果。

图 6-18

图 6–18 | Christian Dior 设计的带有罗纹领和袖克夫的棉夹克

在高级时装的制作过程中，缝份和下摆处需要留出多余的量以方便将来修改，这部分的量不可被修剪掉，因为在很多情况下服装需要进行调整与修改。

模块化服装设计

你的任务是设计一系列可供更换或维修的可拆卸时装。尤其是创造一些新颖的创意性附件体系。

你能否找到其他可拆卸的服装设计案例？或者你能否找到其他服装修补的技术？这种技术在哪些方面值得你感兴趣？

你认为谁可以胜任这项修补的工作？要完成这件作品需要什么资源和技巧？你能否运用这个技巧进行新的时装系列？

图 6-19 和 图 6-20 | Bob 和 John 的互换针织品

诺丁汉特伦特大学的研究生 Jonie Worton 希望穿着者能够根据不同情况选择不同的袖子。

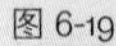
图 6-19

图 6-20

莉齐·哈里森

图 6-21

图 6-22

莉齐·哈里森（Lizzie Harrison）是英国时装品牌 Antiform 的创始人，其品牌是 2007 年成立并利用从约克郡地区回收和采购的材料进行服装的生产。莉齐成立的合作公司 ReMade in Leeds 为当地社区提供工作坊、维修、服装互换及其他服务。莉齐与许多组织、设计师和研究者合作进行了一些有关可持续时装发展的演讲和论坛。

图 6-21 | 莉齐·哈里森

图 6-22 | ReMade in Leeds 公司的缝制工作坊

Antiform 内部品牌下的 ReMade in Leeds 提供了缝制工作坊，帮助穿着者充分利用他们的服装。穿着者能够学习到如升级再造、修补服装、改造技术等方面的技巧。

图 6-23 | Antiform SS13.

当你开始创立时装店和服装品牌时，你对该品牌有何憧憬？可持续性时装是否对你很重要？

可持续性发展是我工作的核心，是我工作的方式及自身生活价值的反映。我只是想以负责任的态度生产产品。我开始建立这个品牌时，我正在利兹工作，当时担任了社区工作坊的生产管理经理，我意识到英国的时装产业的纺织品浪费是多么的严重，而且也意识到当地有许多熟练的制造工人。这促使我积极探索利用当地供应链建立品牌的想法。

对这个品牌的憧憬就是在当地产生的。服装首先要看起来是美的，同时也希望能够有其他更多的服务。

在你的 Antiform 系列中，你利用当地废弃的材料通过如升级再造的技术制造新服装。为什么？

在约克郡地区利兹工作室，我们使用当地采购的材料。当我们开始研究的时候，发现当地有两个真实关键的材料资源：首先，当我们扔掉那些在慈善商店不可持续出售的旧衣服时产生的所有废弃纺织品；然后，当地纺织品生产商和工厂产生的废弃织物。

在有着悠久纺织历史的约克郡开始创立这个品牌，使我们找到如何进行采购的方式，我们现在主要采购羊毛花呢、套装、棉布和涤棉球衣和针织羊毛。

升级再造让我们很自由地去采用那些目前被认为废弃的材料，通过手工艺使这些价值较低的材料制作成有价值的时装。

你开设了各种各样的缝制工作室，帮助人们学习如何去改造、回收或修补服装。对消费者进行培训对你来说是不是很重要？

希望减少工业产生的纺织品废弃物的愿望驱使我创立 Antiform 的品牌，当时我感到有点矛盾，一方面我想减少纺织品废弃物，另一方面我又想创立公司生产产品。这使我需要重新思考一个服装品牌能够做什么，因此，我为我们的消费者创立了更有意义的服装工作坊。

图 6-23

莉齐·哈里森

你经营了服装品牌和时装店及工作坊，还涉及一些其他项目，经营这么多项业务你觉得有哪些益处？

经营多项业务确实令人很带劲。世界在变化，服装也在变化。水资源、油资源的匮乏将会使未来的几年产生变化。小公司如何培养和建立可持续发展的商业模式，我确实很感兴趣。小规模组织的一个好处就是不依赖于成长型经济模式，获得的灵活性无疑是一种商业优势。我们经营的所有项目都围绕同一个目标，那就是生产负责任的服装及改变消费者的消费、使用和处理服装的行为。

你是否有些建议和窍门给那些可能想创立服装制作及提供服务的新兴服装设计师们？

我认为我们希望看到更多且多样化的服装品牌。当时装消费都能从资源的浪费中脱离开来时，这的确让人感到兴奋，希望消费者购买的是品牌而不是单纯物质性的产品。

我的建议是要真正地去了解你产品的市场及把握消费者的需求。这将给予你有关如何使用服装及参与消费者服务方面的洞察力。与消费者进行的实验性服务是我们在行动前能做的事情，因为这会给我们许多了不起的反馈。

你对未来品牌的憧憬是什么？

我对未来的憧憬就是继续推动有关服装、生产、零售及服务环节去寻求新机会来改变消费者对服装的看法。我们最近使用了一个位于市中心商业街的一家无用的零售商店进行了在利兹生产的最佳产品展示。

最后，我的目标是实现可持续服装发展和相关服务，以便能与我们的消费者需求进行有价值的无缝衔接。

<www.antiformonline.co.uk>

图 6-24

图 6-25

图 6-24 和图 6-25 | **Antiform 的 2013 年春夏系列**

Antiform 服装是利用废弃的材料制作而成的。所有服装涉及的原材料是由离约克郡地区利兹工作室 20 英里处采购的。

服装会有很多原因被扔掉：也许是磨损或过时，也许是不再合身，亦或是不好看了。

虽然多数的纺织品收集后被回收利用，但是服装仍然和普通的生活垃圾一起被丢弃。低价值、差品质产品的不断循环，也已经降低了服装重新得到使用的能力。这章阐述了如何开辟关于服装的回收、重新制造及循环使用以使浪费达到最小化的各种可能性方法。因此，这章突出强调了有关重新使用和回收计划实行的壁垒，在激励变革方面将具有一定的挑战性。

“纺织品回收升级改造使我们的着装变得可持续性。我们创造的款式经久赛季，同时仍然保留了原有的个性。”

——JunkyStyling 的创始人安妮卡·桑德斯和克里西格

7

图 7–1 | 2012 年卡伦·叶森的贝努柏林系列的外套

卡伦·叶森于柏林 ESMODA 国际时装设计学院获得硕士学位，她毕业设计的外套是将手工艺与 70 条牛仔裤、200 件 T 恤及三件废弃的皮沙发结合设计而成的。

图 7-1

服装的重新利用有很多方法。一件衣服能够在家庭成员中传递或交换或在二手及复古零售商店重新销售，它还可以捐献或销售给第三方组织，如一个善举可将服装重新销售或出口或寄送进行面料的回收。因此，将现有服装或剩余库存的材料制作成新服装的时装品牌已经产生。

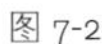

图 7-2 | Eva Zingoni 的 RTW 季度 4 系列

具有高级时装设计师背景的 Eva Zingoni 利用从巴黎时装屋收集到的废弃奢华面料设计了她的限量版系列。

重新利用流行服装

其中一项最知名的重新利用途径就是将废弃的衣服提供给慈善机构。一些世界范围内慈善和自发性的机构将丢弃的服装进行重新分配，有的在当地的商店销售，有的运往海外其他经销商。穿着者将服装投入服装银行或二手商店，或使用街边收集系统。然后这些服装在分拣中心根据级别进行分类。最高级别的是那些可以在本地商店进行重新销售的服装。其他主要类别包括可持续性服装出口、回收成为抹布和毛巾及物资回收。不幸的是，一些服装被认为是不可持续性而被扔入垃圾堆或进行焚烧。

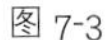

为重复利用而设计

二手服装市场目前与回收系统并肩发展，目前一些新材料也是由消费前后的纺织废料切碎混合而纺成的。时装史告诉我们服装的再利用是减少污染最有效的方法。考虑到这一点，你可以开始运用回收再利用的途径进行服装设计，使服装再利用到不能修补为止。

然而价值归因于服装本身，这意味着一件服装的面料能否被回收取决于它自身的品质和织物的适用性。高品质服装再利用的可能性远远大于大量劣质的服装产品。

零售商交换项目

类似 eBay 和 Gumtree 这样通过网络在线销售或进行交换的零售商逐渐增多，提高了二手服装的流通性。而且，这提升了交换项目及网络的知名度，许多零售商的交换项目现在已经开始运作了。这些项目与慈善乐施会、玛莎百货联合开展 2012 年的“Shwopping”活动，激励消费者去参观玛莎百货店对乐施会的服装捐赠活动，这使服装在慈善机构商店销售前就得到重新利用和改造的机会。

虽然，这些项目提高了重新利用且带来一定的收益，但所捐赠的服装数量并没有我们想像的那么多。统计显示虽然捐赠的服装数量增加了，但家庭成员及朋友之间服装的交换使用方面需大大改进，而实际上这方面正在呈下降趋势。你会如何激励穿着者将不需要穿的衣服转给你的朋友使用?

图 7-3

图 7-4

图 7-3 | Esther Lui Po 的剩余材料项目

香港服装设计学院的学生 Esther Lui Po Chu 从服装制造商那将废弃的时装标签收集起来进行创造性地编织。

图 7-4 | Kathrine Gram Hvejsel 的条纹运动服

丹麦与 H&M 及红十字会在科灵设计学院联合举办了有关重新利用和设计的硕士研究生竞赛，这是学生 Kathrine Gram Hvejsel 的获奖系列作品。

对现有材料进行再制造

在设计阶段，设计师常常选用美观而实用的面料，但是你能通过对现有服装、库存服装或剩余面料的改造探索服装设计的新理念。

重新制造服装所利用回收的织物可以来源于消费前后所产生的废物。消费前的废物来源于纺织品制造中产生的垃圾材料，而消费后的废物认为是来源于二手服装商及慈善机构的已制造的预穿性服装。通过利用这些资源，你能够对现有服装、碎布或服装尺寸进行重新改造。

图 7-5

图 7-5 和图 7-6 | 克里斯托弗・雷布恩在瑞士重新制作的限量版系列

克里斯托弗・雷布恩与瑞士制造商维氏创造了这个“瑞士制造”的限量版服装系列，这些服装是由包括降落伞在内的剩余瑞士军事用品存货制造而成的。

图 7-6

虽然制造一件衣服是比较容易实现的，但是想要制作标准的一件时尚服装或一系列服装时通常会具有一定的挑战性。当使用回收的材料时，重新生产一件或一系列服装是有难度的。因为材料的供应是没有规律的，而且材料供给的数量也是不可预知的，因此，在设计过程的开始就要考虑这个问题。

你也将需要考虑到一些制作流程中的技术难题。例如，当你再制造一件服装时，你需要留意原材料的情况，标注污渍、破洞、磨损或变色的区域，并想办法解决或保持其装饰特色。

你也可以对现有服装进行精心解构，这样你才有足够且切实可行的织物去使用。一件服装的解构是可操纵的，但十件或更多件服装进行解构时，可能会十分费时。此外，你需要寻求大量足够使用的服装，这可能会有困难或花费更高。对一些设计师来说，这些问题似乎太复杂或很难有可采取的可行方法，但是其他人却将这些困难作为新时装理念形成的催化剂。

图 7-7

图 7-7 | 曾浩贤用 Esprit 废弃的纺织面料制作成的系列作品，2012 年

曾浩贤是 2012 年衣酷适再生时尚设计大赛中获冠军的香港设计师。曾浩贤的系列作品通过利用时装公司 Esprit 废弃的生产面料进行构造的。

协同设计服装

在近些年里，升级回收给相对较小规模的服装品牌提供了新的商机。这些生产者能够提供独特个性化的服务，使着装者能够参与到创作的过程。

虽然在设计的最初阶段你很乐意向着装者征求意见，在协同设计的情况下，你可能想与着装者更紧密合作。与设计师进行协同设计，着装者可能会在翻新或重造方面更感兴趣。

你也可能会通过给服装提供定制化的包装帮助着装者开展他们自己的升级再造计划，然后着装者选择自己的创意设计方案。实质上，不管升级回收运用的技术如何和用如拼接、贴花、喷印、刺绣等工艺对面料或服装进行改造仍然具有重要价值。

图 7-8

图 7-9

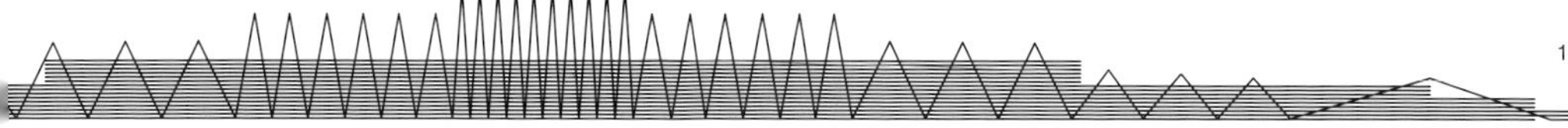

图 7-10

图 7-11

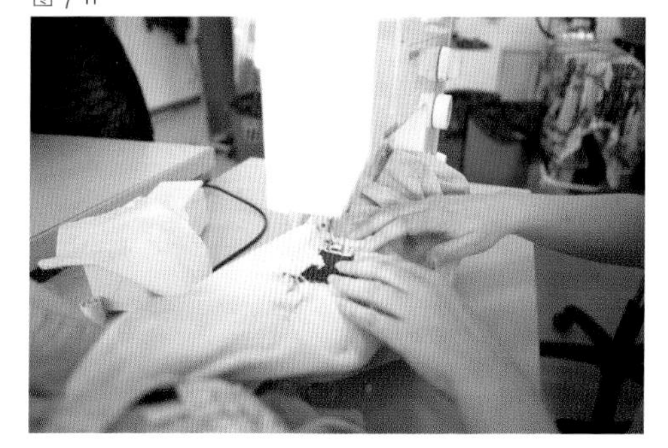

图 7-12

图 7-8 和图 7-9 | 奎妮和泰德的定制夹克

奎妮和泰德受消费者委托将废弃的优良品质的服装通过贴花及个性、精美的图案进行升级再造。

图 7-10 至图 7-12 | 修补工作室

创始人和研究团队在谢菲尔德哈勒姆大学创办了修补工作室，参赛者在这个工作室里可以对损坏的衣服进行创造性地修补。

升级再造

“升级再造”这个术语用来描述那些将废弃品改造成更高品质产品的技术。升级再造能够增加材料的价值并延长其使用寿命，而回收则往往不会再提升材料或产品的价值。这项技术也可在设计和制作一件新服装时使用，或者在翻新或重新制作一件服装时使用。

升级再造为设计师进行创造提供了无限的机会。你可以通过一个小改动或装饰细节来给现成的服装提升价值，或者你可以通过利用废物边角料或现成的材料来生产整件服装。这个想法在重复进行单项工作时尤其有效。例如，你可以将废弃和损坏的拉链按颜色进行搭配创造出大胆的配饰用品。还有许多更极端的方法进行材料的使用，如英国设计师 Gray Harvey 运用报纸进行女装成衣的创造。

需将花费很多时间去准备材料的选择、洗澡和解构部件等，所有这些都需要花费时间并增加相应成本。设计和制作升级回收的部件因此需要相对长的时间，尤其是小批量产品的制作。

图 7-13

图 7-13 | Andrea da Costa 的针织配件

Andrea da Costa 毕业于伦敦圣马丁纺织品设计专业，她利用如废弃管儿、树皮和有机羊毛毡等废弃的可持续性材料生产独特的针织配件。

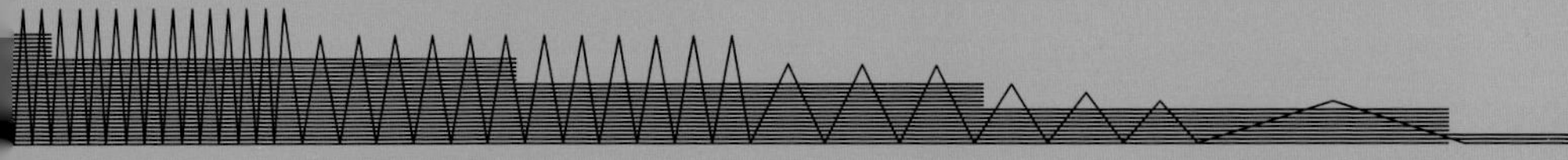

图 7-14

图 7-15

图 7-16

图 7–14 和图 7–15 | Jennifer Whitty 和 Holly Mcquillan 设计的升级回收服装

在一个企业制服生产厂家的试点项目中，Jennifer Whitty 和 Holly Mcquillan 利用升级回收和零污染加工的方案，将现成废弃的服装重新使用变成一衣多穿的服装。

图 7–16 | Martina spetlova 的皮革夹克“补丁作品”

来自于捷克共和国设计师 Martina spetlova 利用剩余的下脚料包括拉链、毛线衫和皮革拼凑在一起创造出戏剧化的服装款式。

升级回收的个性化方法

在这个练习中，升级回收一件已损坏的衣服，使它对特定的着装者来说是一件即引人注目又耐磨的衣服。

向朋友和亲戚借一件耐用的衣服，但是它的某个特定位置已经损坏，如被撕坏或弄脏。然后，对你的亲戚或朋友进行有关审美喜好方面的访问，因此，你能根据访谈建立一幅有关他们喜欢的颜色、质地、图案、装饰细节等方面的画面。然后建立一个能够反映着装者审美风格的想法模板。

接着，设计一个能够遮住或强化装饰损坏处的纹样，确定合适的纺织服装技术来帮助你达到设计目的。再从着装者那得到反馈信息。他们喜欢哪种想法？他们有没有给出一些建议？

开始去收集不同的资源信息和布料进行装饰，寻找各种对你设计有帮助价值的余弃布料。

与着装者共同确定一个设计方案，或运用补丁的概念盖住破损处，或直接在布上围绕磨损处进行装饰。通过独特个性化的升级回收增加服装的价值，目的是使服装变得更加耐穿。

你可以利用这个方法将废弃的材料制造成一系列新的个性化的升级回收的服装样式。

图 7-17

图 7–17 至 图 7–19 | Taukode 的 T 恤套头衫项目

建立于赫尔辛基的时装品牌 Tauko 将为访问他们的洛夫工作室店的顾客定制衣服。这家公司通过使用消费者过时的衬衫定做了一件最流行的服装产品，就是“空手道”套头衫。

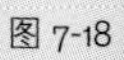
图 7-18

图 7-19

虽然回收再利用也会消耗能源，但研究显示重新利用面料要比生产新的纺织面料更为环保。服装设计师们能够利用由废弃和回收的纤维材料构建新的织物，这些织物本身就可进行回收。当服装和纺织品生产者与废物管理公司、回收运营商建立了关系时，我们可以看到一系列经过改进的织物和技术相继出现。同时，设计师应该寻找机会去促进工艺和材料的回收。

纺织品的回收利用

一般来说，慈善机构可对纺织品的回收进行管理，第三方会从慈善机构和行业机构购买和收集一些垃圾，这些垃圾包括窗帘、床单等生活垃圾及从纺织服装生产者、酒店、医院、工业洗衣房和当地政府机构收集的纺织废料。

破损的服装回收后一般可作为抹布和无尘布，但有些不具有可持续性的服装将会被处理回至纤维状态。在回收过程中，纤维通过化学或机械方法进行分离。分离过的纤维将被重新制造成新的面料使用，如室内装潢用品材料，或被当作床垫或室内垫衬物品的填充物使用。虽然这是废弃物重新利用的一种好方法，但是纤维的原始品质得到降低。

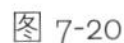

图 7-20

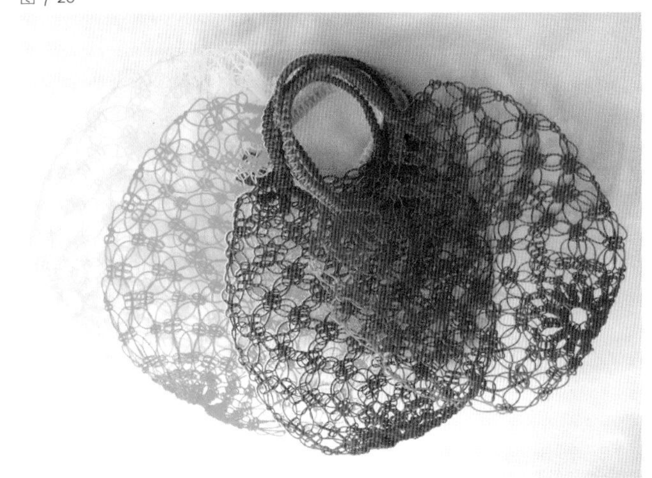

图 7-20 | 卡门阿蒂加斯的 Viva Language Vida 系列

这个手工配饰系列来自 EL 康复中心监狱的工艺项目。这些产品由百分之百可回收的聚乙烯材料制成。

图 7-21 | 杰尼亚运动品牌的太阳能夹克

这件夹克来自埃麦尼吉尔多·杰尼亚男装的杰尼亚运动品牌，运用回收的塑料及袖子里可拆卸的太阳能电池板制成，这些电池板能够产生足够的能源为手机进行充电。

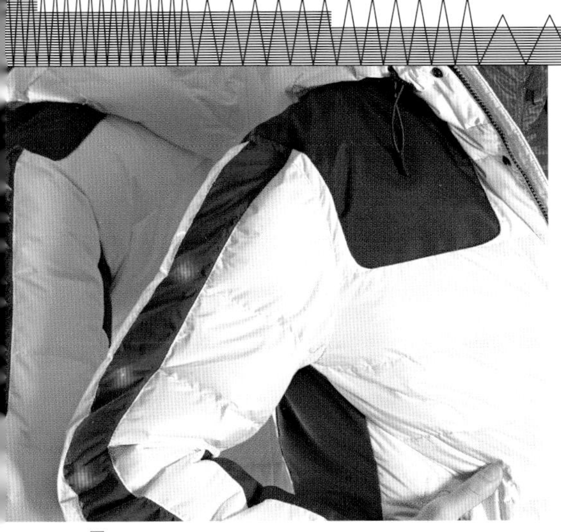

图 7-21

与纺织品回收者合作

纺织服装生产者与回收者的关系恶劣使回收产业变得更糟，并面临一些挑战。生产者日益增大通常降级回收的混纺纤维的使用量，而这些纤维不能再进行分离。作为生产者，你可以通过使用单一纤维材料来解决这一问题，如第 3 章所讲到的那样。

因此，对回收者来说分解那些经过复杂工艺制造的服装部件是很困难的。你可以通过拆卸便利的自动化系统来生产服装，就像第 4 章阐述的。

使用回收的材料和纤维

最近，从回收的材料中获得的面料和纱线的发展取得了较大的进展。天然纤维需要与（不可回收的）原生纤维相混合，这是因为回收过程中会产生品质较差的纱线。虽然，回收处理过程中天然纤维很大程度上没有得到变化，但再生合成纤维的发展仍然有很大优势。随着大规模的生产，由类似塑料水瓶衍生而来的聚对苯二甲酸等聚合物已经得到发展。如巴塔哥尼亚、玛莎百货、H&M 等公司已经利用这些纤维制造摇粒绒服装及牛仔等产品。因此，这些纤维本身也成了可回收性的。这将在闭环系统的案例分析中进一步展开讨论。

全球回收标准

织物回收成分相关的资格标准可以寻求全球回收标准机构的鉴定。自从 2011 年纺织品交换得到治理以来，这项独立的组织旨在审核织物回收的成分含量，同时期待生产商和供应商在涉及环境及社会规范问题时能够符合这些特定的标准。重要的是，要着重强调产品从原材料到销售环节中，追踪生产商和供应商是否使用明确批准的商标情况。

<http://textileexchange.org/content/global-recycle-standard>

闭环生产

在第 2 章已经概述了“闭环系统”这一术语，指连续重复使用某一材料并防止其进入废物中的过程。有时也会使用到包括“循环经济”“摇篮到摇篮”和“闭环纤维至纤维回收”等其他术语。

服装产品中所见到的纤维较多是经过合成的。如巴塔哥尼亚公司（Patagonia）将聚酯服装通过帝人（Teijin）生态圈的纤维至纤维循环系统进行回收。化学循环技术将聚酯废弃织物转化为能够重新制造服装的织物。

这项计划是令人激动的，因为它可以使一种纤维回收达到与原始纤维完全相同或相似的品质，即使在目前大量的纤维处理，也不是所有的都能实现这样的效果。然而，这个回收系统不易实现，且很难推动消费者参与。

然而，还有其他的方法可以实现闭环系统的生产。你可以选择一些可以进行再加工成同一类型的产品和材料（如聚酯材料），或者选择一些可分解的材料，当其进行安全分解时能够积极为生物圈做贡献。

图 7-22

图 7-23

SHED ME CLOTHES

多层易脱的衣服可以减少洗涤。
受蛇皮脱落启发。

水溶纱线
这件织物由不同层水溶纱线编织而成的。

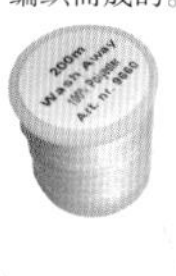

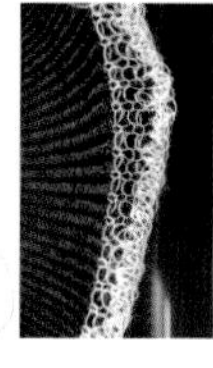

PVA（聚乙烯醇）纱线的使用。PVA 无毒无味，具有高强度及灵活性能，完全可以分解和速溶。

构造：
由若干的天然纤维织物缝合在一起，然后通过水溶纱线进行分解。

TOP
UNDER

过程：
用水喷洒在织物的顶部或下部，使液体渗透通过织物变成水溶性纱线。这种结合将使水溶性纱线进行溶解，外层就会剥离。

TOP

剥离的外层：
从服装中剥离的脏层，可以使服装得到安全处理。

图 7-24

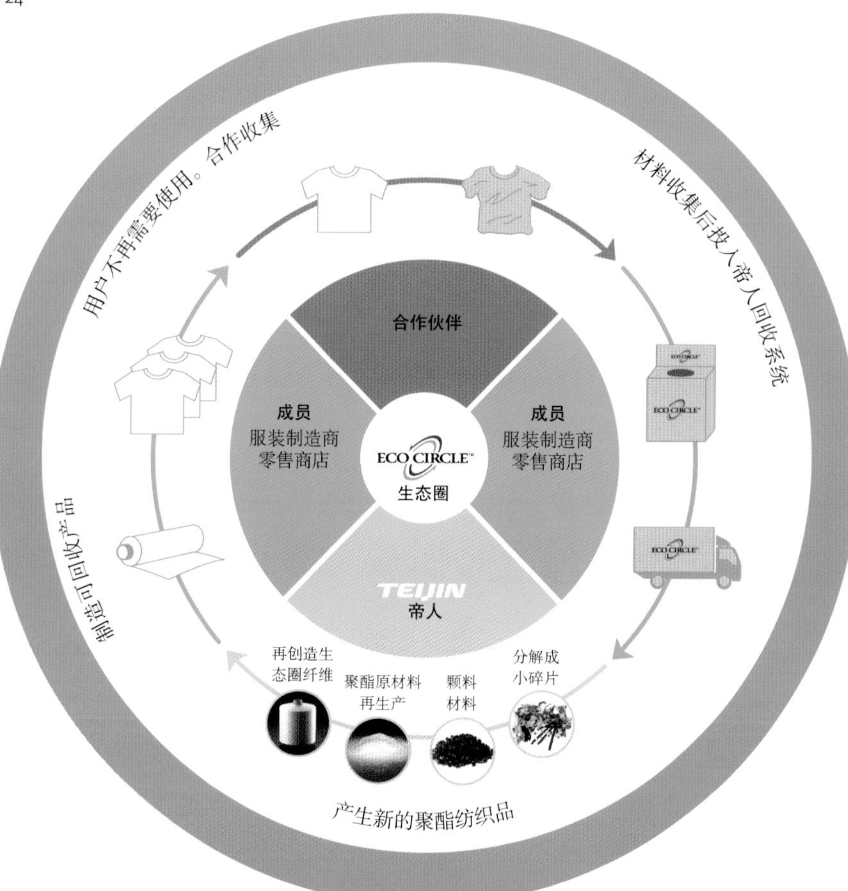

图 7–22 和图 7–23 | Katie Ledger 的“脱落我的衣服”项目

Katie Ledger 建议一件时装可以由多层构成，随着年龄的增长，每层都可进行分解。

图 7–24 | 日本帝人（Teijin）纤维的回收系统

闭环生产

因此，像第3章讨论的那样，选择好的面料通过表面的装饰和点缀可以使效果得到加强。英国设计师Kate Goldsworthy运用一系列高科技工具和纺织技术进行试验，扩展了合成纤维的创造潜能，且没有破坏材料的回收性能。

从服装生命周期延伸至服装短期品质的探索，生产闭环系统的使用会产生许多的可能性。随着新纺织品发展的继续，负责任的生产、一次性的服装越来越成为事实。研究学者Suzanne Lee研究出了“生物时装”突破过去概念的新颖时尚。Lee使用的材料能够安全进行堆肥和自然分解。

在纺织回收系统有了更大的进步之前，可回收材料使用的寿命是有限的。然而，设计师应该继续为消费者参与的回收处理技术等行业方面作出更有效的改进。

图 7-25

图 7-26

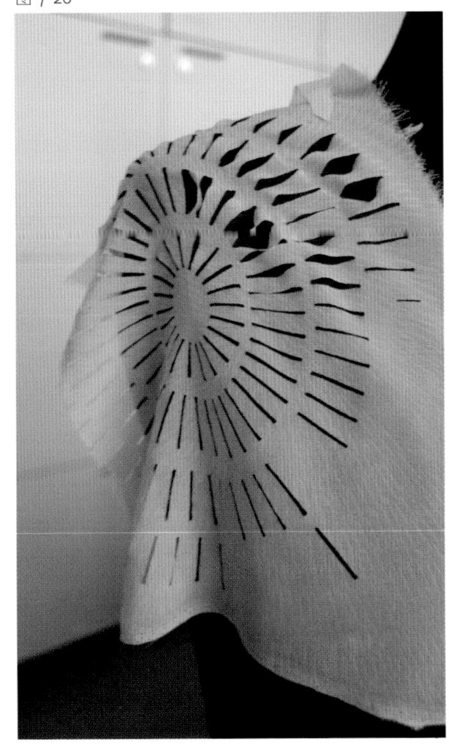

图 7-25 和图 7-26 | **可回收的涤纶项目**

丹麦科灵设计学校学生（伊娃索菲亚奥德、Vibe Lindhard Fælled、Ramona Reile、Petja Zorec）创造的可回收涤纶服装概念。

图 7-27

图 7-28

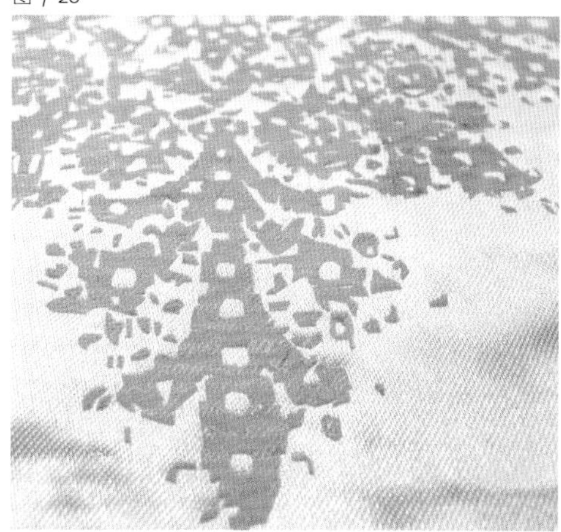

图 7-29

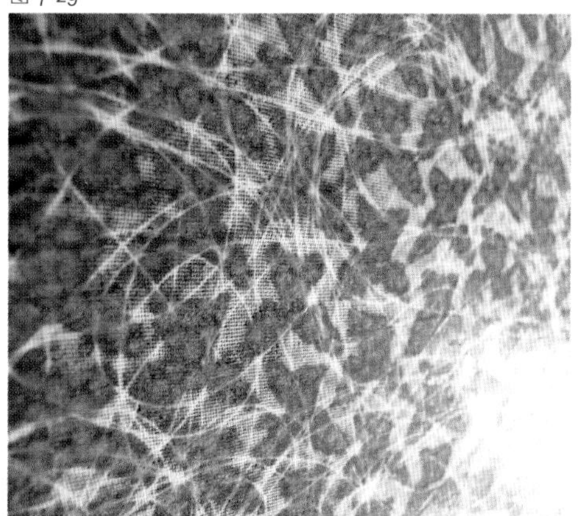

图 7-30

图 7-31

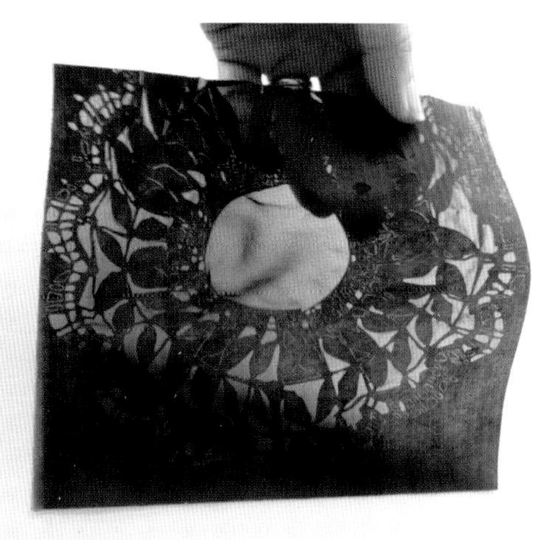

图 7-27~ 图 7-31 | **凯特戈兹沃西博士的“单材料整理”项目，2008~2010**

可持续时装研究学者凯特戈兹沃西博士生产了一系列单材料样品，这些样品是由百分之百的涤纶制成的，没有用到胶水和化学物品拼接和整理，是完全可进行回收的。

韦恩·海明威

图 7-32

图 7-32 ~ 图 7-34 | 海明威设计的英国麦当劳制服

海明威与 Worn Again 及英国制服供应商 Dimensions 合作设计了英国麦当劳的员工制服。这个项目采用闭环系统制造，使制服能够回收及加工成新的产品。这个项目为超过 87500 位员工设计制服。

1980 年初，英国设计师韦恩·海明威（Wayne Hemingway）与合伙人 Gerardine 杰勒德尔黛创立了红或死（The Red or Dead）时装品牌，这个品牌持续荣获多项荣誉，包括 1996 年、1997 年和 1998 年的英国时装理事会街头风格的设计师年度奖。领导海明威设计机构参与了许多项目，积极主动推动可持续设计的发展。

首先是什么激发您对可持续发展感兴趣的?

在“可持续发展”这个词语还没使用前，我就在一个节俭的家庭中成长。房子完全是由旧屋改造成的（在升级回收这一词创造前很久的时候），重新使用是一个口头禅，任何形式的浪费都是令人难以接受的。节俭是可持续发展的基石。我们在卡姆登市场的那些日子是从卖二手服装开始的，因此，这是我们最先获得的经验。但是，同时我们被节俭和反浪费所驱使，我们也意识到这是正确的选择。

与 Worn Again 公司的合作如何帮助你进行 2012 年奥林匹克运动会麦当劳制服设计的?

这个项目为 87500 位麦当劳员工设计制服，对我们来说这是有针对性目的的伟大设计。与 Worn Again 公司的合作及闭环系统的推动下才有了这样的机会。技术与设计的结合是非常强大的。

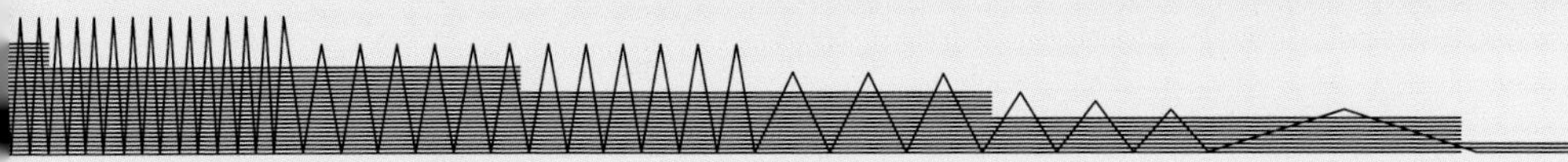

图 7-33

图 7-34

在设计和生产的过程中您是否遇到一些意想不到的挑战？

是的，确实。我们正努力实现的这项技术还真正处于起步阶段，这项技术只有在日本才真正得到实施，由于日本与我们相距太远，因此无法利用日本的回收工厂。这使我们更加努力地工作，以确保英国有我们需要的设施。

在减少或重新利用服装行业中的纺织废料方面，您觉得是否已经做得足够了？

我们能做得到的可以更多。服装行业也许比别的行业发展得更缓慢，但最终我们会看到服装业会赶上的。

有没有一些窍门或建议可提供给想进行可持续服装设计专业的学生？

做好细节，确保没有通过绿色外衣的口号夸大事实。首先，努力工作确保可持续发展理念不被商业击退——如果你不赚钱，那么所有可持续理念将会抛至脑后。

<www.hemingwaydesign.co.uk>

下一步您该怎么做？许多方案可以用到服装的可持续发展第 4 章中，但是如果你想真正去实行，你可能需要使用不同的或新的方法去设计，这可能需要走出传统的约束。然而有些人认为可持续发展是对创新的一种约束，对一些设计师来说这是一种可以带来独特商机的创新方法。

新型服装的实践将激励生产者和消费者去看到服装的独特之处。这有助于服装能够被更加珍惜及有价值地得到保存，或者可能用来与出租而不是归某人所有。然而这样的新实践需要设计师去激励穿着者们积极参与。如果可持续服装业发展得到繁荣，我们不得不去改变我们制造和使用服装的方式，这需要生产者和穿着者共同为减少服装生命周期带来的消极影响而共同承担责任。

在这本书结束时你已经了解了一系列的研究方法，这些方法综合起来将会帮助你去思考你的设计实践。而下面的几页列出了这些详细的参考、书籍和网络资源，你可以通过自身的研究去建立你自己的知识架构及扩展实践经验。努力参与网络社区、行业组织和协会活动以及能给你引入明确重点信息的图书馆团队。这些都将帮助你能有效地进行研究，并确保你能获得最新最前沿的知识信息。

图 8–1 | Fake Natoo 的再造衣银行 1 系列

这件拖地连衣裙是由设计师张娜的再造银行项目回收的部分材料制成。

图 8-1

手工艺人

这个术语常常用来描述技术高超的制造者或手工制作产品的工匠。

生物降解

材料能够进行生化分解的性能。

生物燃料

从类似树皮的可再生材料中获得的燃料。

碳足迹

测量由生产和消费行为所导致的气体排放量。

闭环系统

闭环系统，或循环经济，旨在通过生物或技术回收废弃材料或产品的方法来减少污染。

二氧化碳的排放

二氧化碳和类似甲烷等其他气体被排放至大气中，如气、煤、油等化石燃料燃烧排放的气体。

企业社会责任

公司为其环境和道德目标为出发点而设立的一项政策。

众包或人群搜索

通常通过网络等大众群体的调研获取想法、意见和服务。

拆卸设计

这项方案突出产品能够快速、简便地进行分离，以使产品材料和部件能够进行回收。

可持续设计

提倡减少由生产和消费行为所致的环境和社会消极影响的一种设计方式。

分配

为纺织品加工、制造服务、成品运输至零售市场及仓库资源和供货的配送。

生态或绿色时装

专注于消除由服装生产所致环境负面影响的时装。

生命终止（EOL）

常常用来描述产品停止使用且准备进行处理的时间节点的术语。

环境影响

由生产或消费行为所产生对环境正面或负面的影响。

道德时装

根据国际劳动组织对人类和劳动权利的规定进行服装的制造。

公平贸易

公平贸易支持社会的发展，为商品和服务支付合理的价格，同时将获得的利润再投入至当地社区。

以人为本的设计

以人或使用者为中心的设计，指突出人的需求和本能的产品生产过程。

输入

在服装的生命周期内对材料、资源和社会要求的需求情况。

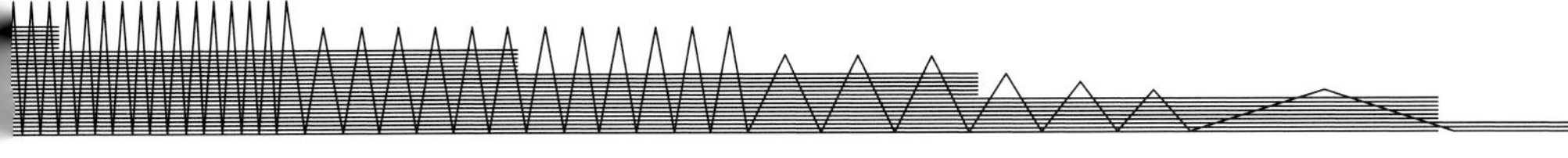

垃圾填埋场

填充废料垃圾的地洞，当它被填满时会得到覆盖或被重新规划。

生命周期

产品从原料的提取至生命终止的所有生命阶段。

生命周期评估

产品生命周期所有阶段的输入和输出（材料和资源）的评估测量。

单纤维织物

由单一类型纤维组成的织物。

非政府组织

一个组织可能会有社会或政治的工作事项，但是它的建立和运作是独立于政府机构或以营利为目的的公司。

离岸外包

由一个国家的一家公司提供所有服务和货源的供应，区别于那些只涉及产品的设计、制造或销售的经营方式。

有机

在时装上指面料和纺织品的制作从田间到制造过程都是使用环保友善的加工方式。

输出

在服装生命周期期间，由于材料和资源的浪费及排放产生的社会影响。

消费后废物

由穿着者在服装的处理过程中所产生的纺织品废物。

消费前废物

制造商和供应商生产加工的过程中产生的纺织品废物。

利益相关者

受公司内部的决策和活动所影响的个人或集体。

供应链

时装制造、分配和销售过程中所需包含供应商和服务提供商组成的网络关系。

可持续设计战略

设计师能够运用的一项架构方法来帮助减少时装生产、使用和处理过程中产生的对特定的环境或社会的影响。

升级再造

这项技术可以使本来准备被丢弃的产品或材料重新得到升级或其价值得到提升。

使用者

指使用产品的某个人，在时装中常常指穿着者。

新生态纤维

在织物产品中没被使用过的纤维。

幸福感

这个术语指精神或身体上的感受或对生命的体验。

在线杂志和网络

变化观察

在美国建立的网络杂志，包括深思的富有洞察力的文章和系列可持续设计主题的专栏。书中的评论能够引领你获取新的资源信息。
<http://changeobserver.designobserver.com/>

生态学家

1970年建立但在2009年重新在网络开办的环保杂志，这本杂志深刻地分析了有关世界环保方面的建议和新闻，是一本很有帮助的评论杂志。
<http://www.theecologist.org/>

生态纺织品信息

可订阅的杂志，它为行业提供了最前沿的信息和研究，在线和离线皆可订阅。
<http://www.ecotextile.com/>

生态时尚创意设计网

瞄准行业和消费者致力于可持续时装和新秀设计师宣传的一个网站。
<http://www.ecouterre.com/>

未来创新设计博客

包括时装在内的可持续设计博客，创立于2005年。就设计的创新和新思路方面提供广泛的信息资源。
<http://inhabitat.com/tag/sustainable–fashion/>

社会变更

创立于英国的跨学科设计网站，目的是通过提供的理论与实践支持时装设计教育。它侧重于社会责任。
<http://www.socialalterations.com>

环境保护狂

是一个国际在线的可持续发展杂志，包括可持续时尚的特点、故事和文章专栏。
<http://www.treehugger.com/>

研究中心与项目

可持续时装发展中心（CSF）

建立于伦敦时装学院的产学研机构。该网站链接了相关研究项目、报告和事件，以及时装艺术学硕士和环境课程。
<http://www.sustainable–fashion.com/>

与人设计

为设计师提供的20种方法帮助其在与人设计过程中处理与人的关系。

IDEO以人为本的设计工具包

创立于美国的一家设计公司，为设计师建立了一系列工具帮助其进行以人为中心的设计。
<http://www.hcdconnect.org/methods>

包容性设计工具包

帮助你进行包容性设计的信息资源。对于理解如何评估用户的能力方面提供了极好的工具。

<http://www.inclusivedesigntoolkit.com/betterdesign2/>

纺织品工具包

受瑞典的米斯特拉组织资助，这个组织源于切尔西艺术设计学院自发成立的TED机构。其场地为时装设计师和专家进行创新设计提供了平台。并包含了一些有趣的专题文章。

<http://www.textiletoolbox.com>

工具和计算器

碳排放计算器

易使用的信息工具使你能够估量和减少每天的碳排放。

<http://carboncalculator.direct.gov.uk/index.html>

碳信托

为工作场所提供各种各样免费的碳足迹工具和资源进行使用。

<http://www.carbontrust.com/resources>

生态测量学

测量不同纺织品和处理加工对环境影响的网络在线计算器。

<http://www.colour-connections.com/Ecometrics/>

Higg Index 工具

由一伙行业合作伙伴建立起来的一个可以使你能够衡量服装及鞋类对环境和社会的执行情况的工具。可以下载指数进行使用。

<http://www.apparelcoalition.org/higgindex>

历史期货

能够使生产商和零售商去追踪他们的供应链的在线平台。

<http://www.tringtogether.com>

美国环保局

能够解释有关温室气体排放的一个信息网站，并允许你估量自己的足迹。

<http://www.epa.gov/climatechange/ghgemissions/>

支持组织和咨询小组

英国

环境正义基金会

为保护环境和捍卫世界人权发起的非营利组织活动。网页包括许多明确信息的电影。你也可以通过 EJF（环境正义基金会）商店支持他们的工作。

<http://www.ejfoundation.org/>

道德时尚论坛

尽管在英国成立，但其网站是面向国际的，为设计师和生产商提供一系列的资源，如果你想成为其中一员，你可以参加网络研讨会和其他项目。

<http://www.ethicalfashion-forum.com>

标签背后的劳动力

为提高服装业工人的条件而发起的运动，该网站提供了广泛的教育资源。这是国际清洁服装联盟的一部分。

<http://www.labourbe-hindthelabel.org/>

亚洲

Redress

中国香港成立的非政府组织，旨在促进亚洲时装的可持续发展，在网页上可以找到一系列好的资源。尤其注意减少服装生产或停止使用后面料的浪费。

<http://redress.com.hk/>

澳大利亚

澳大利亚道德服装

与当地纺织服装产业合作确保澳大利亚工人能够获得公平的工资和体面的工作条件，尤其在满足澳大利亚法规方面特别有帮助。

<http://www.ethicalcloth-ingaustralia.org.au/home/home>

欧洲

清洁服装运动

由 15 个欧洲国家的非政府组织和工会组成的联盟，然而它也和美国、澳大利亚及加拿大的组织合作。从妇女权利和消费者权益到减少贫困等，该联盟涉及一系列广泛的热点活动。

<http://www.cleanclothes.org/>

公平服装基金会

阿姆斯特丹成立的非营利性组织，但属于国际性合作组织。为行业提供建议和支持帮助服装工人提高劳动条件。网站上拥有较好易得的信息资源。

<http://www.fairwear.org/home/>

美国

清洁设计，自然资源保护委员会

旨在减少那些海外外包制造业公司对环境产生的影响。网页包含了一系列有关制造业对环境影响方面的报告和实况报道。

<http://www.nrdc.org/inter-national/cleanbydesign/>

公平劳工协会

FLA（公平劳工协会）由大学、公司和其他机构组成，旨在保护世界工人的权利。并为行业提供方法和信息资源，虽然成立在美国，但有其他国际办事处。

<http://www.fairlabor.org/>

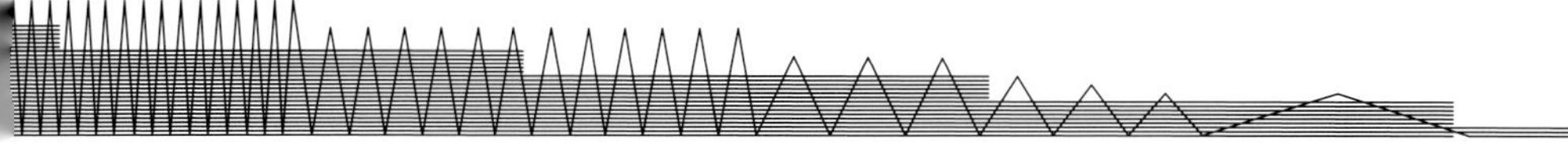

认证标签，立法和支持

国际公平贸易

总部设立在德国，在世界各地设立了协会，与其他一些组织共同制定国际公平贸易标准，并支持公平贸易生产者。

<http://www.fairtrade.net>

全球有机纺织品标准（GOTS）

由来自世界四个成员组织构成，包括英国的土壤协会。全球有机纺织品标准认证方案确保每件产品包含至少70%有机纤维。

<http://www.global-satndard.org/>

全球回收标准

为生产标准化回收织物的供应商提供了认证标志。

<http://textileexchange.org/content/global-recycle-standard>

MADE-BY

欧洲的一个非营利性组织，支持品牌公司改进服装的生命周期的所有环节。合伙公司能够在服装上使用made-by的“蓝色纽扣”商标，吊牌作为他们明显传达承诺的一种方式。

<http://www.made-by.nl>

Oeko-tex Standard 100认证（欧洲）

是一个独立测试认证纺织品材料、半产品和成品的机构，这个认证标签标明材料满足制定的标准并对人身体无害。

<http://www.oeko-tex.com/en/manufacturers/manufacturers.xhtml>

土壤协会（英国）

一个旨在促进健康人道和可持续食物、农业和土地使用的慈善机构。这时英国最大的有机认证机构，且包含了有机纺织品的认证。

<http://www.soilassociation.org/>

世界公平贸易组织

一个在75个国家经营的国际性组织，通过为公平贸易企业结构和经营制定标准，以此为农民、手工艺人和小生产者提供支持。满足了他们所制定的标准就可以使用WTFO（世界公平贸易组织）的商标。

<http://www.wfto.com/>

可持续时装活动、表演和竞赛

衣酷适再生时尚设计

由亚洲 Redress 机构组织的竞赛活动，接收确定国家的少于三年工作经验的毕业生作为参赛选手。通过使用零污染、升级回收或重新改造等其中之一的方法进行主流时装设计，以使纺织品污染得到减少。

<http://www.ecochicdesig-naward.com/>

Estethica，英国时装理事会

2006 年由英国时装理事会创立的此次活动在英国伦敦时装周举行，设计师们展示的道德时装符合设置的标准。新设计师可申请。

<http://www.britishfashion-council.co.uk/content/1146/Estethica>

RSA 学生设计大奖赛

一个长期举办的设计大赛支持学生为解决当代问题提出新思路。涉及的主要条件之一就是需要设计能提供社会和环境效益。这个大赛是对英国和注册过一门课程或即将毕业一年的国际申请者开放的。

<http://www.thersa.org/sda/home>

可持续设计奖，ECCO DOMANI 时尚基金奖

为那些不满五年经验且在纽约时装周上至少举行一次零售服装发布会的设计师们提供资金支持。设计师必须表明有意识地关注环境、社会及经济的问题。

<http://www.eccodomani.com/fashion-foundation>

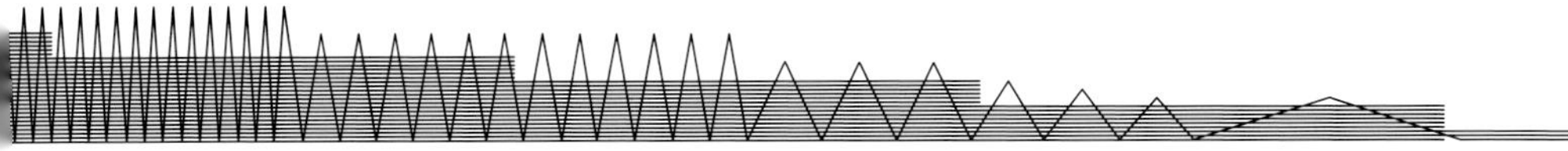

面料，建议和支持

C.L.A.S.S（创造力，生活方式，可持续协同效应）

米兰、赫尔辛基和马德里的展厅都分别设有生态环境素材库。

<http://www.classecohub.org/>

哥本哈根国际服装博览会的公平未来面料展览及会议

在哥本哈根举行的时装及家具行业会议展示了新的可持续面料、纤维、辅料和纱线。

<http://ciff.dk/>

Materia

Materia 为用户提供免费的材料索引及可易搜索和使用的详细技术信息素材库。

<www.materia.nl>

材料连接

在十个以上国家设立的一家国际顾问及素材库，它通过大学和学校订阅为读者提供了一系列包括材料报告、图书馆和在线访问数据库。

<http://www.materialcon-nexion.com/Default.aspx>

可持续发展角度

英国设立的非营利性组织，为设计师和制造商提供采购生态可持续面料和纤维的帮助。展厅外展示了该组织出席各种活动的资料库，如参加未来面料博览会活动等。

<http://www.thesustain-ableangle.org/>

Worn Again 组织

这个组织与大型制造商合作发现了纺织废料的价值，专注于零浪费、升级回收、降级回收、重新利用及闭环系统的研究。

<http://www.wornagain.co.uk/>

Allwood, J.M., Laursen, S.E., Maldivo de Rodriguez, C. and Bocken, N.M.P. (2006) *Well Dressed? The Present and Future Sustainability of Clothing and Textiles in the United Kingdom.* Cambridge: Institute for Manufacturing, University of Cambridge.

Black, S. (2008) *Eco-Chic: The Fashion Paradox.* London: Black Dog Publishing.

Black, S. (2012) *The Sustainable Fashion Handbook.* London: Thames & Hudson.

Bras-Klapwijk, R.M. and Knot, J.M.C. (2001) *Strategic Environmental Assessment for Sustainable Households in 2050: illustrated for clothing.* Journal of Sustainable Development, 9(2), 109–118.

Carson, R. (2000) *Silent Spring (new ed).* Penguin Books. London: Penguin Books.

Chapman, J. (2005) *Emotionally Durable Design: Objects, Experience and Empathy.* London: Earthscan.

Crul, M. and Diehl, J.C. (2006) *Design for Sustainability: A Practical Approach For Developing Economies.* [Online] Paris: United Nations Environment Program/DELFT University of Technology. Available: <http://www.d4s-de.org/manual/d4stotalmanual.pdf> *[accessed 10.12.2009].*

Datschefski, E. (2001) *The Total Beauty of Sustainable Products.* Crans-Pres-Celigny: Rotovision.

Diviney, E. and Lillywhite, S. (2009) *Travelling Textiles: A Sustainability Roadmap of Natural Fibre Garments.* [Online] Melbourne: Brotherhood of St Laurence. Available: <http://thehub.ethics.org.au/sme/sector_product_roadmaps> [accessed 5.6.2010].

Draper, S., Murray, V. and Weissbrod, I. (2007) *Fashioning Sustainability: A Review of the Sustainability Impacts of the Clothing Industry.* [Online] London: Forum for the Future. Available: <www.forumforthefuture.org.uk> [accessed 3.9.2007].

Fisher, T., Cooper, T., Woodward, S., Hiller, A. and Gorowek, H. (2008) *Public Understanding of Sustainable Clothing: A Report for the Department for Environment, Food and Rural Affairs.* [Online] London: DEFRA. Available: <http://randd.defra.gov.uk/Default.aspx?Menu=Menu&Module=More&Location=None&Completed=0&ProjectID=15626> [accessed 15.6.2009].

Fletcher, K. (2008) *Sustainable Fashion and Textiles: Design Journeys.* London: Earthscan.

Fletcher, K. & Grose, L. (2012) *Fashion and Sustainability: Design for Change.* London: Laurence King.

Fuad-Luke, A. (2002) *The Eco Design Handbook.* London: Thames & Hudson.

Fuad-Luke, A. (2009) *Design Activism: Beautiful Strangeness for a Sustainable World.* London: Earthscan.

Gwilt, A. and Rissanen, T. (eds.) (2011) *Shaping Sustainable Fashion.* London: Earthscan.

Hart, A. and North, S. (1998) *Historical Fashion in Detail: The 17th and 18th Centuries.* London: V&A Publishing.

Hethorn, J. and Ulasewicz, C. (eds.) (2008) *Sustainable Fashion: Why Now? A Conversation About Issues, Practices, and Possibilities.* New York: Fairchild Books.

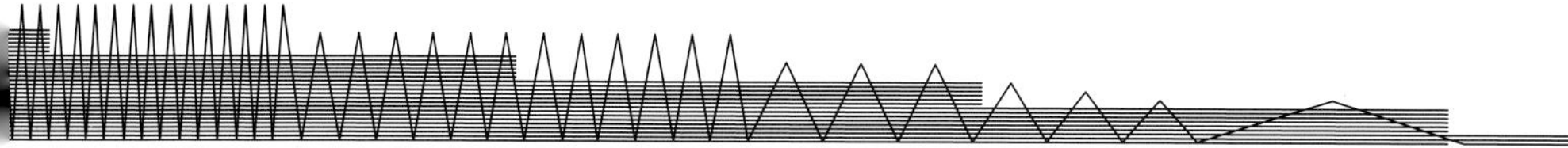

Jenkyn-Jones, S. (2002) *Fashion Design.* London: Laurence King Publishing.

Manzini, E. and Jégou, F. (eds.) 2003. *Sustainable Everyday: Scenarios of Urban Life.* Milan: Edizioni Ambiente.

McDonough, W. and Braungart, M. (2002) *Cradle to Cradle: Remaking the Way we Make Things.* New York: North Point Press.

O'Mahony, M. (2012) *Advanced Textiles for Health and Wellbeing.* London: Thames & Hudson.

Palmer, A. (2001) *Couture and Commerce: The Transatlantic Fashion Trade in the 1950s.* Toronto: UBC Press.

Papanek, V. (1995) *The Green Imperative: Ecology and Ethics in Design and Architecture.* London: Thames & Hudson.

Renfrew, E. and Renfrew, C. (2009) *Basics Fashion Design: Developing a Collection.* Lausanne: AVA Publishing.

Sanders, A. and Seager, K. (2009) *Junky Styling: Wardrobe Surgery.* London: A&C Black.

Seivewright, S. (2012) *Basics Fashion Design: Research and Design.* Lausanne: AVA Publishing.

Shaeffer, C.B. (1993) *Couture Sewing Techniques.* Newtown: Taunton Press.

Shove, E. (2003) *Comfort, Cleanliness and Convenience.* Oxford: Berg.

Sinha, P. (2000) *The Role of Design Through Making Across Market Levels in the UK Fashion Industry.* Design Journal, 3(3), 26–44.

Sorger, R. and Udale, J. (2012) The Fundamentals of Fashion Design (2nd ed). Lausanne: AVA Publishing.

Stecker, P. (1996) *Fashion Design Manual.* Melbourne: Macmillan Education Australia.

Thorpe, A. (2007) *The Designer's Atlas of Sustainability.* Washington: Island Press.

Troy, N.J. (2003) *Couture Cultures: A Study of Modern Art and Fashion.* Cambridge, MA: MIT Press.

Vezzoli, C. and Manzini, E. (2008) *Design for Environmental Sustainability.* London: Springer.

Wilcox, C. (2007) *The Golden Age of Couture.* London: V & A Publishing.

致谢

我想要衷心地感谢所有帮助我完成这本著作的学生、毕业生、设计师和时装公司。此外，我希望感谢以下给过我援助的人：

斯特拉·麦卡特尼的克莱尔·博格坎普；安妮卡明德温德尔伯；苏珊·迪马斯；伊莎贝尔德希尔林；莉齐·哈里森；韦恩·海明威；反传统形式的丽贝卡阿瑟顿；克里斯蒂娜院长；Redress 的索菲亚施塔恩贝格和汉娜内恩；大卫特尔佛；阿恩·埃伯尔教授；科灵设计学校的马卓宁芮斯伯格和蒂尔阿斯。

也感谢道德时装论坛网的成员为此书做的的贡献。虽然我们不能每个人都一一说到，但是很开心看到有这么多好的作品产生。

同时，我也想感谢费尔柴尔德图书的每个人，包括格鲁吉亚肯尼迪和海伦斯德雷恩。尤其要感谢我的编辑林赛布拉夫为本书提供的建议支持以及持续不断的热情。

最后，我要感谢 Lan 和 迪伦，他们给了我无限的爱、支持和耐心。

图片来源

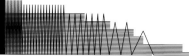

p007 Image by Stelianour Sani, designed and made by Emma Rees for REtrose; pp008–9 Courtesy of Iñiy Sanchez; p011 Image by Will Whipple; p014-15 Courtesy of Forum for the Future; p016 Courtesy of M&S; p017 Courtesy of Kate Fletcher; p018 Courtesy of Edun; p021 Patagonia © 2013 Patagonia Inc.; p022 © Alice Payne, 2011; p023 Courtesy of Junky Styling, image by Michael Heilgemeir; p024 Courtesy of People Tree; p025 Images by Kyle Ross; p026 Courtesy of the Environmental Justice Foundation (EJF); p027 Image by Alex Sturrock; p029 Courtesy of Matilda Wendelboe; p031 Copyright Speedo International Limited; p033 Courtesy of Clara Vuletich, images by Robert Self; p035 All rights reserved © Gunas USA Inc.; p036 Courtesy of Gorman; p038 Image by Antti Ahtiluoto; p040 Image by Candace Meyer; p041 [2.11] Katherine Neumann/House of Wandering Silk; [2.13] Courtesy of Kallio NYC; p042 Courtesy of Martina Spetlova; p044–45 [2.15–2.21] Courtesy of Stefanie Nieuwenhuyse; [2.22] Image by James Champion; p047 Courtesy of Stella McCartney; p48 Courtesy of Mirozlav Zaruba (Photographer for Tammam); p051 Courtesy of Lilia Yip (designer), Marina de Magalhaes (stylist), Mariell Amelie (photographer), Adlena Dignam (hair), Michelle Dacillio (make-up); p052 [3.2] Design by Anna Ruohonen, image by Victor Matussiere; [3.3] Image by Canghai (model: Lan Zhang); p053 Courtesy of Lilia Yipp (design), Jessica Kneipp (photographer), Haruka Abe (model); p054 © Cherelle Abrams; p055 © Alice Payne, 2012; p057 [3.8 and 3.9] © Mark Rogers, Pachacuti; [3.10] Courtesy of Beate Godager (design and styling), Amanda Hestehave (photography), Tina Kristofferson (make-up), Julie Hasselby (model); p058 Courtesy of Tara Baoth Mooney; p059 Courtesy of Eunjeong Jeon; p060 © Gorunway; p061 © Amy Ward, sustainable designer; p062–63 [3.16] Image by Marek Neuman; [3.17 and 3.18] Courtesy of Alabama Chanin, image by Robert Rausch; p064 [3.19] Courtesy of Julika Works; [3.20] Courtesy of C.L.A.S.S; p067 [3.22] © Ainokainen, image by Kai Lindqvist; [3.23 and 3.24] Courtesy of Refinity with Anne Noor degraaf, More Tea Vicar, Janneke Tol (photographer), and Lori Schriekenberg (model); p068–9 [3.25–9] © Dr Kate Goldsworthy; [3.30]©Hiroshi Sugimoto, Stylized Sculpture 026,2007, Tao Kurihara, 2007 (Dress: Collection of the Kyoto Costume Institute); p070–3 Courtesy of Annika Matilda Wendelboe; p074 Courtesy of Chloe Mukai/ITC; p076 © David Telfer; p077 © Titania Inglis, image by Evan Browning; p078 © Elementum by Daniela Pais, image by Anabel Luna; p079 [4.7 and 4.8] Courtesy of the Science Museum/Science & Society Picture Library; p081 [4.11] Courtesy of Haider Ackermann (top design), Fiona Mills (trouser design), image by Nail Yang; [4.12] Courtesy of V&A Images; p082–3 Courtesy of Line Sander Johansen; p084–5 Image by Hiroshi Iwasaki ©Miyake Design Studio; p086 [4.22] © Howies; [4.23] © Rad Hourani Inc.; p087 Design by Allenomis, image by Sonihairle MacDonald; model Caeley Elcock (ColourAgency); p088–9 © Naomi Bailey-Cooper; p091[4.27]©Marimekko;[4.28] Courtesy of Getty; p092-93 [4.30] Courtesy of Getty; [3.29, 4.31-2] Courtesy of MATERIALBYPRODUCT; p095 © Shamila at Eric Elenaas Agency; p096-97© Suno; p098 © Kate Holt; p100 © everlasting sprout; p101 Image by Sally Cole Photography; p102-3 Courtesy of Awamaki, images by Kate Reeder <www.katereeder.com>; p104-7 [5.11] © Xavier Busch; [5.12-5.16] © Photgraphy by Amos Fricke, styling by Anja Niedermeir, hair and make-up by Sarah Marx, model Liuba (Iconic Management); p108–9 Courtesy of Continuum; p110 [5.19] © SANS Atelier LLC; [5.20]Image by Rosie Martin, model Angel Hook; p111 © Courtesy of Anatomy Vintage and Etsy; p113 Courtesy of Daijiro Mizuno; p114 Courtesy of Xeni; p117 Courtesy of Emma Dulcie Rigby, image by Sean Michael; p118 Courtesy of Ecover; p121 [6.3] Courtesy of Emma Dulcie Rigby, image by Sean Michael; p121 Courtesy of Oxfam; p122 Courtesy of V&A Images; p123 Design by Sukiennik Agnieszka; p125 [6.8] Refinity with Berber Soepboer, image by Savale; [6.9] Courtesy of Bruno Kleist <www.brunokleist.com>, image by Michael Nguyen; p126 Courtesy of Heleen Klopper, image by Mandy Pieper; p127 © Sara McBeen; p128 Images by Emanuel Brás; p129 © Lisa Hawthorn, 2011; p131 Courtesy of V&A Images; p132–3 © Bob and John Knitwear 2012; p134–7 Courtesy of Lizzie Harrison; p139 Courtesy of ETPTT Martin Ueberschaer (photographer), Ellen E/ Modelfabrik (model), Bianca Bensch (make-up/hair); p140 Image by Alfredo Salazer; p141 [7.3] Courtesy of Esther Lui Po Chu; [7.4] Courtesy of Katherine Gram Hvejsel (designer) and Anders Fuerby (photographer); p142 Courtesy of Remade in Switzerland, image by Yann Gross; p143 Courtesy of Wister Tsang; p144 © Queenie and Ted; p145 Courtesy of the author; p146 ©Camilla Greenwell; p147 [7.14 and 7.15] Design by Jennifer Whitty and Holly McQuillan, images by Thomas McQuillan, model Monica Buchan-Ng, styling by Jennifer Whitty, assisted by Alex Barton, photography post-production by Holly McQuillan; [7.18] Courtesy of Martina Spetlova; p148-9 © Till Bovermann; p150 Courtesy of Carmen Atigas; p151 Courtesy of Zegna; p152–3 [7.22 and 7.23] Courtesy of Katie Ledger; [7.24] © Teijin; p154 Courtesy of Eva Aude, Ramona Reile, Petja Zorec, Vibe Lindhardt Fællend; p155 Courtesy of Dr Kate Goldsworthy; p156–7 Courtesy of Hemingway Design; p159 Image by Canghai; model: Lan Zhang.